高等职业教育机电及汽车类专业"十四五"规划教材

构件强度校核与材料选用

主　编◎何子淑　桂　莹

副主编◎耿家锐　黄前飞　张　瑶

主　审◎李莉娅

U0261058

中国铁道出版社有限公司

CHINA RAILWAY PUBLISHING HOUSE CO., LTD.

内 容 提 要

本书是根据近几年高职高专教育发展的特点,按照实用、优化、提高的原则编写的。本书在内容的筛选和编排上,既充分吸收了高职教育力学课程改革的成果,又渗透了编者长期教学积累的经验和体会。

全书分为静力学、构件承载能力校核与计算、工程材料基础知识及选用三篇,涵盖了质点和刚体静力学受力分析、力系简化、平衡方程及应用,材料的基本变形,即拉伸和压缩、剪切和挤压、扭转、弯曲、应力状态和强度理论,以及材料的基础知识、金属材料的选用等内容。

本书适合作为高职高专机电类机电工程、汽车、模具、数控等专业的教学用书,也可作为工程技术人员的参考用书。

图书在版编目(CIP)数据

构件强度校核与材料选用/何子淑,桂莹主编. —北京:
中国铁道出版社有限公司,2021. 11
高等职业教育机电及汽车类专业"十四五"规划教材
ISBN 978-7-113-28419-0

Ⅰ.①构… Ⅱ.①何…②桂… Ⅲ.①机电工程-高等职业
教育-教材 Ⅳ.①TH

中国版本图书馆 CIP 数据核字(2021)第 196346 号

书　　名:**构件强度校核与材料选用**
作　　者:何子淑　桂　莹

策　　划:李志国　　　　　　　　　　　编辑部电话:(010)83529867
责任编辑:张松涛　包　宁
封面设计:刘　颖
责任校对:安海燕
责任印制:樊启鹏

出版发行:中国铁道出版社有限公司(100054,北京市西城区右安门西街 8 号)
网　　址:http://www.tdpress.com/51eds/
印　　刷:国铁印务有限公司
版　　次:2021 年 11 月第 1 版　2021 年 11 月第 1 次印刷
开　　本:787 mm×1 092 mm 1/16　印张:10.5　字数:282 千
书　　号:ISBN 978-7-113-28419-0
定　　价:33.00 元

前　言

本书是编者根据教育部《高职高专机械类专业力学课程教学基本要求》，并结合多年的教学实践体会编写而成的。

高等职业技术教育强调理论和实践教育一体化，重视对先进生产设备的一线操作，技术基础课的教学就更加注重实用性。本着突出高等职业教育的特色为原则，本书的编写以简明为宗旨，在内容方面作了精心的选择和编排。本书在介绍与机械相关的力学知识中尽量避免复杂推导计算和缺乏实用价值的内容，重点介绍质点和刚体静力学以及材料的四种基本变形，简明扼要地叙述了后续专业课程中所需的其他一些力学知识，如静不定问题、应力状态和强度理论、材料选用等。在加强基础理论的同时，注意密切联系工程实际以培养学生分析问题和解决问题的能力。书中注意对新技术、新知识的介绍，内容编写略去了对传统作图法的介绍。考虑到高等职业技术教育力学课程教学课时的要求，本书尽量做到文字简明、内容精简、方便教学，突出职业技术教育的特色。

本书由何子淑、桂莹任主编，耿家锐、黄前飞、张瑶任副主编。全书由李莉娅主审。

由于编者水平有限，书中不妥和疏漏在所难免，敬请同行及广大读者批评指正。

编　者
2021 年 6 月

目　录

第三篇　工程材料基础知识及选用

绪　　论

1. 构件承载能力校核与材料选用的研究对象

构件承载能力校核与材料选用是研究自然界以及各种工程中机械运动(物体在空间的位置随时间的变化)一般规律及构件承载能力的一门学科,作为高等工科院校的一门课程,工程力学只是研究最基础的部分,它既可以直接解决工程问题,又是学习一系列后续课程(机械设计及应用技术、机械制造等)的基础。

构件承载能力校核与材料选用的研究对象是工程构件,工程实际的构件多种多样,机械或机器由各种机构组成,机构由各个运动单元(构件)所组成。如图0.1中的摇臂钻床,由平面连杆机构、齿轮机构及各种连接机构等组成。建筑物中承受荷载而起骨架作用的部分称为结构。结构是由若干构件按一定方式组合而成的。组成结构的各单独部分称为构件。例如:单层厂房结构由屋架、屋面板、吊车梁、柱等构件组成,如图0.2所示。结构受荷载作用时,如不考虑建筑材料的变形,其几何形状和位置不会发生改变。

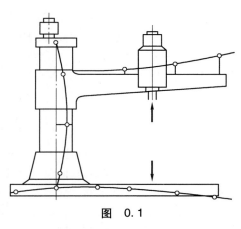

图　0.1

构件承载能力校核与材料选用的研究对象往往相当复杂,在实际力学问题中,需要抓住本质性的主要因素,略去次要因素,从而抽象成力学模型并将其作为研究对象。当物体的运动范围比它本身的尺寸大得多时,可以把物体当作只有质量而其形状和大小均可忽略不计,即质点。任何物体都可以看作由许多质点组成的,这种质点的集合称为质点系。在静力学及运动学中,研究物体的平衡与运动时,可以把物体视为不变形的物体,即刚体。刚体就是一个特殊的质点系,即受力及运动时任意两质点间的距离保持不变。在材料力学中,当研究构件的强度、刚度和稳定性问题时,变形则成为不可忽略的因素,就要把物体作为变形体来处理。

2. 构件承载能力校核与材料选用的研究内容和任务

构件承载能力校核与材料选用是研究物体机械运动一般规律及构件承载能力的一门学科,主要内容包括静力学、材料力学、工程材料基础知识及选用三部分。

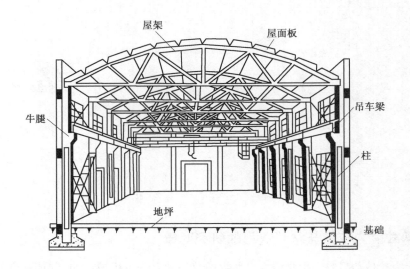

图 0.2

（1）静力学。这是构件承载能力校核与材料选用的重要基础理论，研究物体在力系作用下的平衡规律，包括物体的受力分析、力系的简化与平衡等刚体静力学基础理论。

（2）材料力学。材料力学研究构件的承载能力，包括基本变形杆件的内力分析和强度、刚度计算，压杆稳定和组合变形杆件的强度、刚度计算。

（3）工程材料基础知识及选用。机械工业生产中应用最广的是金属材料，在各种机器设备所用材料中，占 90% 以上。该部分内容系统地介绍了金属材料的力学性能指标，金属材料的结晶、塑性变形，铁碳合金相图，金属材料的热处理，金属材料的选用等知识。

3. 构件承载能力校核与材料选用在专业学习中的地位和作用

构件承载能力校核与材料选用是机械类及近机械类专业的一门技术基础课程。这门课程讲述力学的基础理论和基本知识，以及处理力学问题的基本方法，在专业课与基础课之间起桥梁作用，是基础科学与工程技术的综合。静力学的定律、定理与结论广泛应用于各种工程技术之中，机械、交通、纺织、轻工、化工、石油科学等都要用到构件承载能力校核与材料选用的知识。

掌握构件承载能力校核与材料选用知识，不仅是为了学习后续课程，具备设计或验算构件承载能力的初步能力，而且还有助于从事设备安装、运行和检修等方面的实际工作，因此，构件承载能力校核与材料选用在专业技术教育中具有极其重要的地位。

4. 构件承载能力校核与材料选用的学习要求与方法

构件承载能力校核与材料选用有较强的系统性，各部分之间联系紧密，在学习中要深刻理解力学的基本概念，熟悉基本定理与公式，正确应用概念与理论求解力学问题。注重培养处理力学问题的能力，包括逻辑思维能力、抽象化能力、文字和图像表达能力、数字计算能力等。为此，应常翻阅各种力学书籍和资料，遇到问题及时与老师和同学沟通交流，演算一定数量的习题，并注意联系生产实际来拓展思维。

第／一／篇

静 力 学

本篇介绍静力学公理，工程中常见的典型约束，以及物体的受力分析。静力学公理是静力学理论的基础。物体的受力分析是力学中重要的基本技能。

第一章
平面力系基本概念
及物体受力分析

第一节　静力学的基本概念

静力学是研究物体在力系作用下的平衡条件的科学,主要讨论作用在物体上的力系的简化和平衡两大问题。本节先介绍几个在静力学中经常用到的基本概念。

1. 刚体

所谓刚体,是指在任何外力的作用下,物体的大小和形状始终保持不变的物体,即刚体内任意两点间的距离保持不变。静力学的研究对象仅限于刚体,所以又称刚体静力学。

事实上,任何物体在力的作用下,都会产生一定程度的变形,但在很多情况下,工程结构构件和机械零件的变形都是很微小的,这种微小变形对构件和零件的影响可以忽略不计,从而将研究对象抽象为刚体。刚体是静力学中对物体进行抽象简化后得到的一种理想化的力学模型,这种抽象可以使所研究的问题大大简化。

需要注意,当变形这一因素在所研究的问题中不容忽视时,就不能再将物体视为刚体。

2. 平衡

所谓平衡,是指物体相对参考系保持静止或做匀速直线运动。在工程问题中,通常选择地球为惯性参考系。平衡是物体机械运动的一种特殊状态。

3. 力

力是物体之间相互的机械作用。力的作用效应有两种:一是使物体的运动状态发生改变,称为外效应(运动效应),如地球对月球的引力不断改变月球的运动方向,使得月球能够绕着地球运转;二是使物体发生变形,称为内效应(变形效应),如作用在弹簧上的拉力使得弹簧伸长。刚体只考虑外效应,变形固体还要研究内效应。

实践表明,力对物体作用的效应取决于力的三要素:力的大小、方向和作用点。

(1)力的大小。物体相互作用的强弱程度。在国际单位制中,力的单位是牛(N)或千牛(kN),$1 \text{ kN} = 10^3 \text{ N}$。

（2）力的方向。包含力的方位和指向两方面的含义。如重力的方向是"竖直向下"。"竖直"是力作用线的方位，"向下"是力的指向。

（3）力的作用点。是指物体上承受力的部位，一般来说是一块面积或体积，当作用面积或体积很小时，可将其抽象为一个点时，称为力的作用点。将作用于物体上一点处的力称为集中力。如果力的作用面积较大，不能抽象为点，则将作用于这个面积上的力称为分布力。分布力的大小用单位面积上的力来度量，称为载荷集度，用 $q(\text{N/cm}^2)$ 表示。

如果改变了力的三要素中的任一要素，也就改变了力对物体的作用效应。

既然力是有大小和方向的量，所以力是矢量。可以用一带箭头的线段来表示，如图 1.1 所示，线段 AB 长度按一定的比例尺表示力 F 的大小，线段的方位和箭头的指向表示力的方向。线段的起点 A 或终点 B 表示力的作用点。线段 AB 的延长线（图中虚线）表示力的作用线。

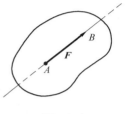

图　1.1

用黑体字母表示矢量，用对应字母表示矢量的大小。

4. 力系

一般来说，作用在刚体上的力不止一个，通常将作用于物体上的一群力称为力系。如果一个力系作用于物体上而不改变物体的原有运动状态，则称该力系为平衡力系。如果两个力系对同一物体的作用效应完全相同，则称这两个力系为等效力系。如果一个力与一个力系等效，则称此力为该力系的合力，这个过程称为力的合成；而力系中的各个力称为此合力的分力，将合力代换成分力的过程称为力的分解。

在研究力学问题时，为方便地显示各种力系对物体作用的总体效应，用一个简单的等效力系（或一个力）代替一个复杂力系的过程称为力系的简化。力系的简化是刚体静力学的基本问题之一。

第二节　静力学公理

公理是人们在长期生活和生产实践中积累的经验总结，其经过实践反复检验，被确认是符合客观规律的最普遍、最一般的规律，是进行逻辑推理计算的基础与准则。静力学公理是对力的基本性质的概括和总结，是静力学全部理论的基础。

公理 1　二力平衡公理

作用于同一刚体上的两个力，使刚体保持平衡的必要与充分条件是：这两个力的大小相等，方向相反，且作用在同一直线上（简称等值、反向、共线），如图 1.2 所示，即

$$F_1 = -F_2 \tag{1.1}$$

此公理给出了作用于刚体上的最简力系平衡时所必须满足的条件，是推证其他力系平衡条件的基础。

在两个力作用下处于平衡的物体称为二力杆。二力杆所受的两个力必然沿着两作用点的连线，而与杆件形状无关。如图 1.3 所示，杆 AC、AE、BC、BD 都属于二力杆。

公理 2　加减平衡力系公理

在作用于刚体上的力系上，加上或减去任意的平衡力系，并不改变原力系对刚体的作用效应。

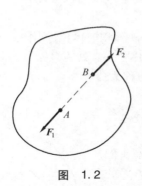

图 1.2

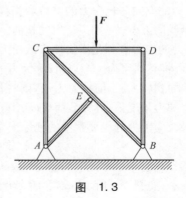

图 1.3

推论 1　力的可传性原理

作用于刚体上的力,可以沿其作用线移至刚体内任意一点,而不改变该力对刚体的效应。

证明:设力 F 作用于刚体上的点 A,如图 1.4 所示。在力 F 作用线上任选一点 B,在点 B 上加一对平衡力 F_1 和 F_2,使 $F_1 = -F_2 = F$,则 F_1、F_2、F 构成的力系与 F 等效。将平衡力系 F、F_2 减去,则 F_1 与 F 等效。此时,相当于力 F 已由点 A 沿作用线移到了点 B。

由此可知,作用于刚体上的力是滑移矢量,因此作用于刚体上力的三要素为大小、方向和作用线。

必须注意,力的可传性原理只适用于刚体;而且力只能在刚体本身沿其作用线移动。

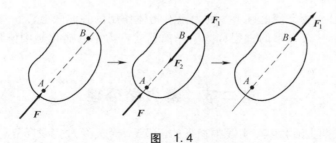

图 1.4

公理 3　力的平行四边形法则

作用于物体上同一点的两个力,可以合成为作用于该点的一个合力,它的大小和方向由以这两个力的矢量为邻边所构成的平行四边形的对角线来表示。如图 1.5(a)所示,以 F_R 表示力 F_1 和力 F_2 的合力,则可以表示为

$$F_R = F_1 + F_2 \tag{1.2}$$

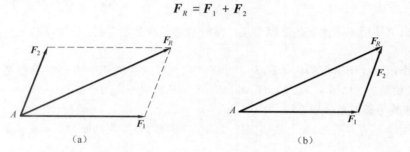

　　　　　　　(a)　　　　　　　　　　　　　　　　　(b)

图　1.5

即作用于物体上同一点两个力的合力等于这两个力的矢量和。

在求共点两个力的合力时,常采用力的三角形法则,如图 1.5(b)所示。从刚体外任选一点 A 作矢量代表力 F_1,然后从 F_1 的终点作矢量 F_2,最后连接点 A 与 F_2 的终点得到合力矢 F_R。分力矢与合力矢所构成的三角形称为力的三角形。这种合成方法称为力的三角形法则。

推论 2　三力平衡汇交定理

刚体受同一平面内互不平行的三个力作用而平衡时,则此三力的作用线必汇交于一点。

证明:设在刚体上,三点 A、B、C 分别作用有力 F_1、F_2、F_3,其互不平行,且为平衡力系,如图 1.6 所示,根据力的可传性,将力 F_1 和 F_2 移至汇交点 O,根据力的平行四边形法则,得合力 F_{R_1},则力 F_3 与 F_{R_1} 平衡,由公理 1 知,F_3 与 F_{R_1} 必共线,所以力 F_1 的作用线必过点 O。

公理 4　作用与反作用公理

两个物体间相互作用力总是同时存在,它们的大小相等,指向相反,并沿同一直线分别作用在这两个物体上,图 1.7 所示。

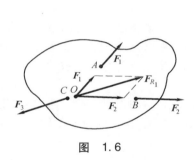

图　1.6

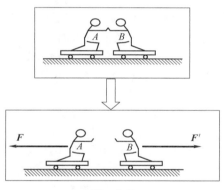

图　1.7

物体间的作用力与反作用力总是同时出现,同时消失。可见,自然界中的力总是成对存在的,而且同时分别作用在相互作用的两个物体上。这个公理概括了任何两物体间的相互作用的关系,不论对刚体或变形体,不管物体是静止的还是运动的都适用。作用力与反作用力用(F, F')表示。

应用作用与反作用公理,可以把一个物体的受力分析与相邻物体的受力分析联系起来。

应该注意,作用力与反作用力虽然等值、反向、共线,但它们不能平衡,因为二者分别作用在两个物体上,不可与二力平衡公理混淆起来。

公理 5　刚化原理

变形体在已知力系作用下平衡时,若将此变形体视为刚体(刚化),则其平衡状态不变。

此原理建立了刚体平衡条件与变形体平衡条件之间的关系,即关于刚体的平衡条件,对于变形体的平衡来说,也必须满足。但是,满足了刚体的平衡条件,变形体不一定平衡。

例如一段绳索,如图 1.8(a)所示,在两个大小相等,方向相反的拉力作用下处于平衡,若将软绳变成刚杆,平衡保持不变,如图 1.8(b)所示。反过来,一段刚杆在两个大小相等、方向相反的压力作用下处于平衡,而绳索在此压力下则不能平衡。可见,刚体的平衡条件对于变形体的平衡来说只是必要条件而不是充分条件。

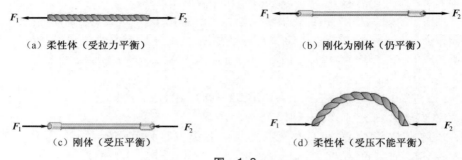

图　1.8

第三节　约束与约束反力

工程上所遇到的物体通常分两种:可以在空间做任意运动的物体称为自由体,如飞机、火箭等;相反,有些物体在空间的位移受到一定的限制,这样的物体称为非自由体,如悬挂的重物,因为受到绳索的限制,使其在某些方向不能运动而成为非自由体,这种阻碍物体运动的限制称为约束。约束通常是通过物体间的直接接触形成的。

既然约束阻碍物体沿某些方向运动,那么当物体沿着约束所阻碍的运动方向运动或有运动趋势时,约束对其必然有力的作用,以限制其运动,这种力称为约束反力,简称反力。约束反力的方向总是与约束所能阻碍物体的运动或运动趋势的方向相反,它的作用点为约束与被约束的物体的接触点,大小可以通过计算求得。

工程上通常把能使物体主动产生运动或运动趋势的力称为主动力,如重力、风力、水压力等。通常主动力是已知的,约束反力是未知的,它不仅与主动力的情况有关,同时也与约束类型有关。下面介绍工程实际中常见的几种约束类型及其约束反力的特性。

1. 柔性约束

由柔软的绳索、链条、皮带等构成的约束统称为柔性约束。这类约束的特点是:柔软易变形,只能承受拉力,不能承受压力,不能抵抗弯曲。柔性约束只能限制物体沿约束伸长方向的运动而不能限制其他方向的运动。所以柔索的约束反力作用于接触点,方向沿柔索的中心线而背离物体,为拉力。这类约束反力用 F_T 表示,如图 1.9 和图 1.10 所示。

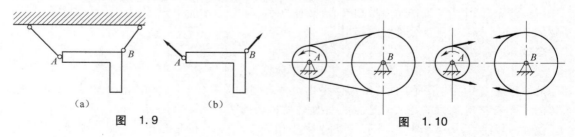

(a)　　　　(b)

图　1.9　　　　　　　　　　　　　图　1.10

2. 光滑接触面约束

当两物体接触面上的摩擦力可以忽略时,即可看作光滑接触面,这时两个物体可以脱离开,也可以沿光滑面相对滑动,但沿接触面法线且指向接触面的位移受到限制。所以光滑接触面约束反力作用于接触点,沿接触面的公法线且指向物体,为压力,常用 F_N 表示,如图 1.11 和图 1.12 所示。支持物体的固定面、啮合齿轮的齿面、机床中的导轨等,当摩擦力不计时,都属于这类约束。

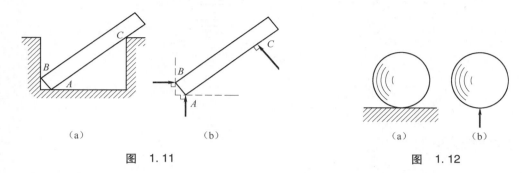

图　1.11　　　　　　　　　　　图　1.12

3. 光滑铰链约束

　　工程上常用圆柱形销钉来连接构件或零件,这类约束只限制相对移动不限制转动,且忽略销钉与构件间的摩擦,这种约束称为光滑圆柱铰链约束,如图 1.13(a)所示。图 1.13(b)所示为计算简图。铰链约束只能限制物体在垂直于销钉轴线的平面内相对移动,但不能限制物体绕销钉轴线相对转动。如图 1.13(c)所示,铰链约束的约束反力作用在销钉与物体的接触点 D,沿接触面的公法线方向,使被约束物体受压力。但由于销钉与销钉孔壁接触点与被约束物体所受的主动力有关,一般不能预先确定,所以约束反力 F_C 的方向也不能确定。因此,其约束反力作用在垂直于销钉轴线平面内,通过销钉中心,方向不定。

　　为计算方便,铰链约束的约束反力常用过铰链中心两个大小未知的正交分力 F_{Cx}, F_{Cy} 来表示,如图 1.13(d)所示。两个分力的指向可以假设。

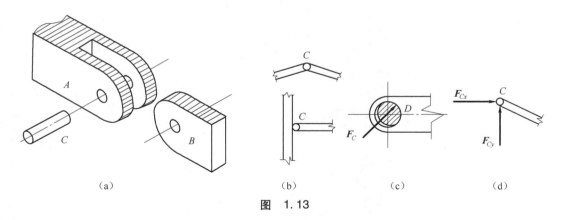

图　1.13

4. 固定铰链支座约束

　　将结构物或构件用销钉与地面或机座连接就构成了固定铰链支座,如图 1.14(a)所示。固定铰支座的约束与铰链约束完全相同,如图 1.14(c)所示。简化记号和约束反力如图 1.14(b)和图 1.14(d)所示。

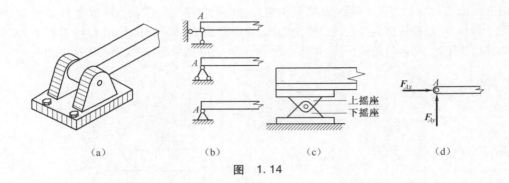

图 1.14

5. 活动铰链支座约束

在固定铰链支座和支承面间装有辊轴,就构成了辊轴支座,又称活动铰链支座,如图1.15(a)所示。这种约束只能限制物体沿支承面法线方向运动,而不能限制物体沿支承面移动和相对于销钉轴线转动。所以其约束反力垂直于支承面,过销钉中心,指向可假设,用 $\boldsymbol{F}_N$ 表示,如图1.15(b)和图1.15(c)所示。

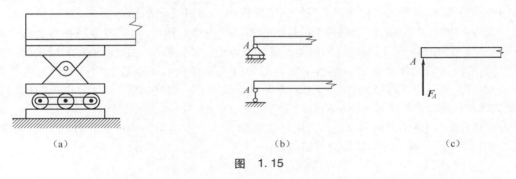

图 1.15

6. 固定端约束

将构件的一端插入一固定物体(如墙)中,就构成了固定端约束。在连接处具有较大的刚性,被约束的物体在该处被完全固定,即不允许相对移动也不可转动。固定端的约束反力,一般用两个正交分力和一个约束反力偶来代替,如图1.16所示。

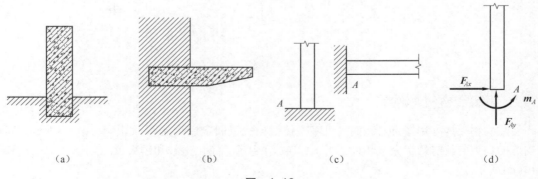

图 1.16

第四节　受力分析与受力图

在工程实际中,为了求出未知的约束反力,需要根据已知力,应用平衡条件求解,为此,要确定物体受了几个力,每个力的作用位置和力的作用方向,这种分析过程称为物体的受力分析。

作用在物体上的力可分为两类:一类是主动力,例如物体的重力、风力、气体压力等,一般是已知的;另一类是约束对物体的约束反力,为未知的被动力。

物体的受力分析包含两个步骤:一是把该物体从与它相联系的周围物体中分离出来,解除全部约束,单独画出该物体的图形,称为取分离体;二是在分离体上画出全部主动力和约束反力,这称为画受力图。受力图形象地表示了研究对象的受力情况,画物体受力图是解决静力学问题的一个重要步骤,下面举例说明。

例 1.1　如图 1.17 所示,起吊架由杆件 AB 和 CD 组成,起吊重物的质量为 Q。不计杆件自重。作杆件 AB 的受力图。

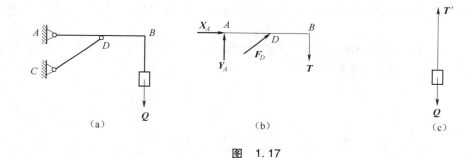

(a)　　　　　　　(b)　　　　　　　(c)

图　1.17

解

①取杆件 AB 为分离体,画出其分离体图。杆件 AB 上没有荷载,只有约束反力。A 端为固定铰链支座。约束反力用两个垂直分力 X_A 和 Y_A 表示,二者的指向是假定的。

②D 点用铰链与 CD 连接,因为 CD 为二力杆,所以铰链 D 反力的作用线沿 C、D 两点连线,以 F_D 表示。图中 F_D 的指向也是假定的。

③B 点与绳索连接,绳索作用给 B 点的约束反力 T 沿绳索、背离杆件 AB。

图 1.17(b)为杆件 AB 的受力图。应该注意,图 1.17(b)中的力 T 不是起吊重物的质量 Q。力 T 是绳索对杆件 AB 的作用力;力 Q 是地球对重物的作用力。这两个力的施力物体和受力物体是完全不同的。在绳索和重物的受力图 1.17(c)上,作用有力 T 的反作用力 T' 和重力 Q。由二力平衡公理,力 T' 与力 Q 是反向、等值的;由作用与反作用公理,力 T 与 T' 是反向、等值的。所以力 T 与力 Q 大小相等,方向相同。

例 1.2　水平梁 AB 用斜杆 CD 支撑,A、C、D 三处均为光滑铰链连接,如图 1.18 所示。梁上放置一重为 G_1 的电动机。已知梁重为 G_2,不计杆 CD 自重。试分别画出杆 CD 和梁 AB 的受力图。

解

①取 CD 为研究对象。由于斜杆 CD 自重不计,只在杆的两端分别受有铰链的约束反力 F_C 和 F_D 的作用,由此判断 CD 杆为二力杆。根据公理一,F_C 和 F_D 两力大小相等、沿铰链中心连线 CD 方向且指向相反。斜杆 CD 的受力图如图 1.18(b)所示。

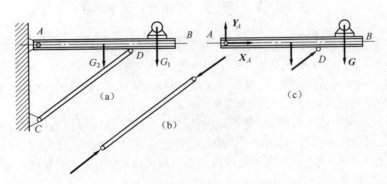

图　1.18

②取梁 AB（包括电动机）为研究对象。它受 G_1、G_2 两个主动力的作用；梁在铰链 D 处受二力杆 CD 给它的约束反力 F'_D 的作用，根据公理四，$F'_D = -F_D$；梁在 A 处受固定铰链支座的约束反力，由于方向未知，可用两个大小未知的正交分力 X_A 和 Y_A 表示。梁 AB 的受力图如图 1.18（c）所示。

例 1.3　简支梁两端分别为固定铰链支座和活动铰链支座，在 C 处作用一集中荷载 P［见图 1.19（a）］，梁重不计。试画梁 AB 的受力图。

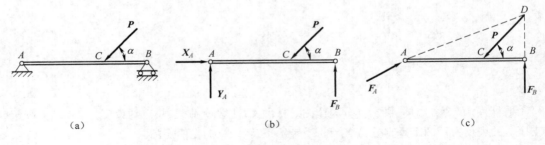

图　1.19

解　取梁 AB 为研究对象。作用于梁上的力有集中荷载 P，可动铰支座 B 的反力 F_B，铅垂向上，固定铰支座 A 的反力用过点 A 的两个正交分力 X_A 和 Y_A 表示。受力图如图 1.19（b）所示。由于梁受三个力作用而平衡，故可由推论 2 确定 F_A 的方向。用点 D 表示力 F_P 和 F_B 的作用线交点。F_A 的作用线必过交点 D，如图 1.19（c）所示。

例 1.4　三铰拱桥由左右两拱铰接而成，如图 1.20（a）所示。设各拱自重不计，在拱 AC 上作用荷载 F。试分别画出拱 AC 和 CB 的受力图。

解　取拱 CB 为研究对象。由于拱自重不计，且只在 B、C 处受到铰约束，因此 CB 为二力构件。在铰链中心 B、C 处分别受到 F_B 和 F_C 的作用，且 $F_B = -F_C$。拱 CB 的受力图如图 1.20（b）所示。

取拱 AC 连同销钉 C 为研究对象。由于自重不计，主动力只有荷载 F；点 C 受拱 CB 施加的约束力 F'_C，且 $F'_C = -F_C$；点 A 处的约束反力可分解为 X_A 和 Y_A。拱 AC 的受力图如图 1.20（c）所示。

又拱 AC 在 F、F'_C 和 F_A 三力作用下平衡，根据三力平衡汇交定理，可确定出铰链 A 处约束反力 F_A 的方向。点 D 为力 F 与 F'_C 的交点，当拱 AC 平衡时，F_A 的作用线必通过点 D，如图 1.20（d）所示，F_A 的指向，可先作假设，以后由平衡条件确定。

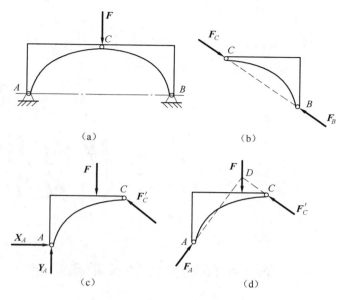

图　1.20

在画受力图时应注意以下几个问题：

（1）明确研究对象并取出分离体。

（2）要先画出全部的主动力。

（3）明确约束反力的个数。凡是研究对象与周围物体相接触的地方,都一定有约束反力,不可随意增加或减少。

（4）要根据约束的类型画约束反力。即按约束的性质确定约束反力的作用位置和方向,不能主观臆断。

（5）二力杆要优先分析。

（6）对物体系进行分析时注意同一力,在不同受力图上的画法要完全一致;在分析两个相互作用的力时,应遵循作用和反作用关系,作用力方向一经确定,则反作用力必与之相反,不可再假设指向。

（7）内力不必画出。

第二章
平面力系分析
及平衡问题

第一节　平面汇交力系及平衡分析

1. 平面力系概述及分类

　　根据力系中各力作用线的位置,力系可分为平面力系和空间力系。各力的作用线都在同一平面内的力系称为平面力系,各力作用线不完全在同一平面内的力系称为空间力系。

　　在平面力系中又可以分为平面汇交力系、平面平行力系、平面力偶和平面任意力系。在平面力系中,各力的作用线汇交于一点的力系称为平面汇交力系;各力的作用线相互平行的力系称为平面平行力系;由同平面内的若干力偶组成的力系称为平面力偶系;各力的作用线既不交于一点,也不互相平行的力系称为平面任意力系。本章主要讨论平面汇交力系的合成与平衡问题。

2. 平面汇交力系合成的几何法

　　设在某刚体上作用有力 F_1、F_2、F_3、F_4 组成的平面汇交力系,各力的作用线交于点 A,如图 2.1(a)所示。由力的可传性,将力的作用线移至汇交点 A;然后由力的合成三角形法则将各力依次合成,即从任意点 a 作矢量 ab 代表力矢 F_1,在其末端 b 作矢量 bc 代表力矢 F_2,则虚线 ac 表示力矢 F_1 和 F_2 的合力矢 F_{R_1};再从点 C 作矢量 cd 代表力矢 F_3,则 ad 表示 F_R 和 F_3 的合力矢 F_{R_2};最后从点 d 作矢量 de 代表力矢 F_4,则 ae 代表力矢 F_{R_2} 与 F_4 的合力矢,亦即力 F_1、F_2、F_3、F_4 的合力矢 F_R,其大小和方向如图 2.1(b)所示,其作用线通过汇交点 A。

　　作图 2.1(b)时,虚线 ac 和 ad 不必画出,只需把各力矢首尾相连,得折线 $abcde$,则第一个力矢 F_1 的起点 a 向最后一个力矢 F_4 的终点 e 作 ae,即得合力矢 F_R。各分力矢与合力矢构成的多边形称为力的多边形,表示合力矢的边 ae 称为力的多边形的逆封边。这种求合力的方法称为力的多边形法则。

　　必须注意,若改变各力矢的作图顺序,所得的力的多边形的形状则不同,但是这并不影响最后所得的逆封边的大小和方向。但应注意,各分力矢必须首尾相连,环绕力多边形周边的同一方向,而合力矢则朝向封闭力多边形。

　　上述方法可以推广到由 n 个力 F_1,F_2,…,F_n 组成的平面汇交力系:平面汇交力系合成的结果是一个合力,合力的作用线过力系的汇交点,合力等于原力系中所有各力的矢量和。

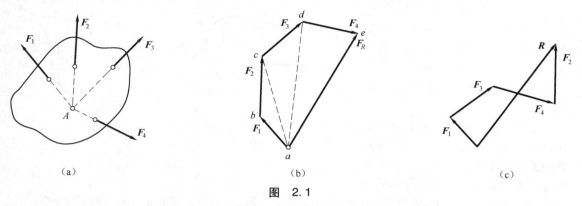

(a)　　　　　　　　　　(b)　　　　　　　　　(c)

图　2.1

可用矢量式表示为

$$F_R = F_1 + F_2 + \cdots + F_n = \sum F \tag{2.1}$$

合力 F_R 对刚体的作用与原力系对该刚体的作用等效。

例2.1　同一平面的三根钢索边连接在一固定环上,如图2.2所示,已知三钢索的拉力分别为:$F_1 = 500$ N,$F_2 = 1\ 000$ N,$F_3 = 2\ 000$ N。试用几何作图法求三根钢索在环上作用的合力。

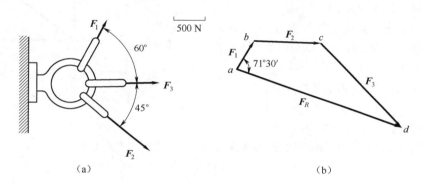

(a)　　　　　　　　　　　　　　(b)

图　2.2

解　先定力的比例尺(见图2.2)。作力多边形先将各分力乘以比例尺得到各力的长度,然后作出力多边形图[见图2.2(b)],量得代表合力矢的长度,则 F_R 的实际值为

$$F_R = 2\ 700 \text{ N}$$

F_R 的方向可由力的多边形图直接量出,F_R 与 F_1 的夹角为71°30′。

(1)平面汇交力系平衡的几何条件

在图2.3(a)中,平面汇交力系合成为一合力,即与原力系等效。若在该力系中再加一个与等值、反向、共线的力,根据二力平衡公理知物体处于平衡状态,即为平衡力系。对该力系作力的多边形时,得出一个闭合的力多边形,即最后一个力矢的末端与第一个力矢的始端相重合,亦即该力系的合力为零。因此,平面汇交力系平衡的必要与充分条件是:力的多边形自行封闭,或各力矢的矢量和等于零。用矢量表示为

$$F_R = \sum F = 0 \tag{2.2}$$

求解平面汇交力系的平衡问题时可用图解法,即按比例先画出封闭的力多边形,然后用尺子

和量角器在图上量得所需要求解的未知量；也可根据图形的几何关系，用三角公式计算出所要求的未知量，这种解题方法称为几何法。几何法一般用于受力简单的场合。

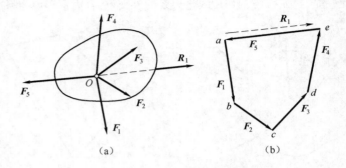

图　2.3

（2）平面汇交力系合成的解析法

求解平面汇交力系问题的几何法，具有直观简洁的优点，但是作图时的误差难以避免。因此，工程中多用解析法来求解力系的合成和平衡问题。解析法是通过力矢在坐标轴上的投影来分析力系的合成及其平衡条件的一种方法。

（3）力在坐标轴上的投影

如图 2.4 所示，设力 F 作用于刚体上的 A 点，在力作用的平面内建立坐标系 xOy，由力 F 的起点和终点分别向 x 轴作垂线，得垂足 a_1 和 b_1，则线段 a_1b_1 冠以相应的正负号称为力 F 在 x 轴上的投影，用 X 表示，即 $X = \pm a_1b_1$；同理，力 F 在 y 轴上的投影用 Y 表示，即 $Y = \pm a_2b_2$。

力在坐标轴上的投影是代数量，正负号规定：力的投影由始端到末端与坐标轴正向一致其投影取正号，反之取负号。投影与力的大小及方向有关，即

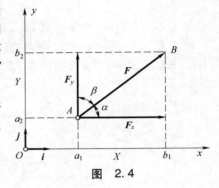

图　2.4

$$\left.\begin{array}{l} X = \pm a_1b_1 = F\cos\alpha \\ Y = \pm a_2b_2 = F\cos\beta \end{array}\right\} \qquad (2.3)$$

式中，α、β 分别为 F 与 x、y 轴正向所夹的锐角。

反之，若已知力 F 在坐标轴上的投影 X、Y，则该力的大小及方向余弦为

$$\left.\begin{array}{l} F = \sqrt{X^2 + Y^2} \\ \cos\alpha = \dfrac{X}{F} \end{array}\right\} \qquad (2.4)$$

应当注意，力的投影和力的分量是两个不同的概念。投影是代数量，而分力是矢量；投影无所谓作用点，而分力作用点必须作用在原力的作用点上。另外，仅在直角坐标系中在坐标上的投影的绝对值和力沿该轴的分量的大小相等。

（4）合力投影定理

设一平面汇交力系由 F_1、F_2、F_3 和 F_4 作用于刚体上，其力的多边形 abcde 如图 2.5 所示，封闭边 ae 表示该力系的合力矢 F_R，在力的多边形所在平面内取一坐标系 xOy，将所有的力矢都投影到 x 轴和 y 轴上，得

$$X = a_1e_1, \quad X_1 = a_1b_1, \quad X_2 = b_1c_1, \quad X_3 = c_1d_1, \quad X_4 = d_1e_1$$

由图 2.5 可知

$$a_1e_1 = a_1b_1 + b_1c_1 + c_1d_1 + d_1e_1$$

即

$$X = X_1 + X_2 + X_3 + X_4$$

同理

$$Y = Y_1 + Y_2 + Y_3 + Y_4$$

将上述关系式推广到任意平面汇交力系的情形,得

$$X = X_1 + X_2 + \cdots + X_n = \sum X$$
$$Y = Y_1 + Y_2 + \cdots + Y_n = \sum Y$$
(2.5)

即合力在任一轴上的投影,等于各分力在同一轴上投影的代数和,这就是合力投影定理。

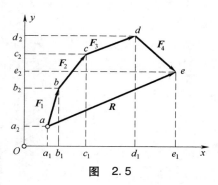

图 2.5

3. 平面汇交力系合成的解析法

用解析法求平面汇交力系的合成时,首先在其所在的平面内选定坐标系 xOy。求出力系中各力在 x 轴和 y 轴上的投影,由合力投影定理得

$$F_R = \sqrt{X^2 + Y^2} = \sqrt{\left(\sum X\right)^2 + \left(\sum Y\right)^2}$$
$$\cos \alpha = \left| \frac{X}{F_R} \right| = \left| \frac{\sum X}{F_R} \right|$$
(2.6)

式中,α 是合力 F_R 与 x 轴正向所夹的锐角。

例 2.2 如图 2.6 所示,固定圆环作用有四根绳索,其拉力分别为 $F_1 = 0.2$ kN,$F_2 = 0.3$ kN,$F_3 = 0.5$ kN,$F_4 = 0.4$ kN,它们与轴的夹角分别为 $\alpha_1 = 30°$,$\alpha_2 = 45°$,$\alpha_3 = 0$,$\alpha_4 = 60°$。试求它们的合力大小和方向。

解 建立如图 2.6 所示直角坐标系。根据合力投影定理,有

$$X = \sum X = X_1 + X_2 + X_3 + X_4 = F_1\cos \alpha_1 + F_2 \cos \alpha_2 +$$
$$F_3 \cos \alpha_3 + F_4 \cos \alpha_4 = 1.085 \text{ kN}$$

$$Y = \sum Y = Y_1 + Y_2 + Y_3 + Y_4 = F_1\sin \alpha_1 + F_2 \sin \alpha_2 +$$
$$F_3\sin \alpha_3 - F_4 \sin \alpha_4 = -0.234 \text{ kN}$$

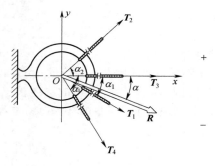

图 2.6

由 $\sum X$、$\sum Y$ 的代数值可知,合力在 x 轴上的投影沿轴的负向。由式(2.6)得合力的大小

$$F_R = \sqrt{\left(\sum X\right)^2 + \left(\sum Y\right)^2} = 1.11 \text{ kN}$$

方向为

$$\cos \alpha = \left| \frac{\sum X}{F_R} \right| = 0.977$$

解得

$$\alpha = 12°12'$$

平面汇交力系平衡的解析条件:

已经知道平面汇交力系平衡的必要与充分条件是其合力等于零,即 $F_R = 0$。由式(2.6)可知,要使 $F_R = 0$,须有

$$\sum X = 0; \sum Y = 0$$
(2.7)

上式表明,平面汇交力系平衡的必要与充分条件是:力系中各力在力系所在平面内两个相交轴上投影的代数和同时为零。式(2.7)称为平面汇交力系的平衡方程。

式(2.7)是由两个独立的平衡方程组成的,故用平面汇交力系的平衡方程只能求解两个未知量。

例2.3 质量为 G 的重物,放置在倾角为 α 的光滑斜面上(见图2.7),试求保持重物成平衡时需沿斜面方向所加的力 F 和重物对斜面的压力 F_N。

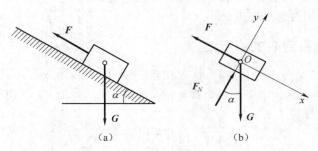

图 2.7

解 以重物为研究对象。重物受到重力 G、拉力 F 和斜面对重物的作用力 F_N,其受力图如图2.7(b)所示。取坐标系 xOy,列平衡方程

$$\sum X = 0 \qquad\qquad G\sin \alpha - F = 0 \qquad\qquad (1)$$

$$\sum Y = 0 \qquad\qquad - G\cos \alpha + F_N = 0 \qquad\qquad (2)$$

解得
$$F = G\sin \alpha \qquad F_N = G\cos \alpha$$

则重物对斜面的压力 $F'_N = G\cos \alpha$,指向和 F_N 相反。

例2.4 重 $G = 20$ kN 的物体被绞车匀速吊起,绞车的绳子绕过光滑的定滑轮 A[见图2.8(a)],滑轮由不计重量的杆 AB、AC 支撑,A、B、C 三点均为光滑铰链。试求 AB、AC 所受的力。

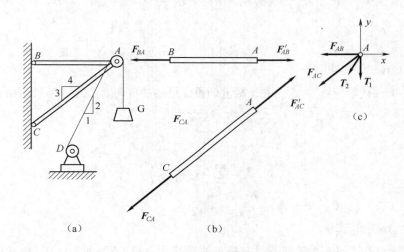

图 2.8

解 杆 AB 和 AC 都是二力杆,其受力如图2.8(b)所示。假设两杆都受拉。取滑轮连同销钉 A 为研究对象。重物 G 通过绳索直接加在滑轮的一边。在其匀速上升时,拉力 $T_1 = G$,而绳索又在滑轮的另一边施加同样大小的拉力,即 $T_1 = T_2$。受力图如图2.8(c)所示,取坐标系 xAy。

列平衡方程

由 $\sum X = 0$, 　　　　　　　$-F_{AC}\dfrac{3}{\sqrt{4^2+3^2}} - F_{T_2}\dfrac{2}{\sqrt{1^2+2^2}} - F_{T_1} = 0$

解得 　　　　　　　　　　$F_{AC} = -63.2 \text{ kN}$

由 $\sum Y = 0$, 　　　　　　$-F_{AB} - F_{AC}\dfrac{4}{\sqrt{4^2+3^2}} - F_{T_2}\dfrac{1}{\sqrt{1^2+2^2}} = 0$

解得 　　　　　　　　　　$F_{AB} = 41.6 \text{ kN}$

力 F_{AC} 是负值,表示该力的假设方向与实际方向相反,因此杆 AC 是受压杆。

例 2.5　连杆机构由三个无重杆铰接组成[见图 2.9(a)],在铰 B 处施加一已知的竖向力 F_B,要使机构处于平衡状态,试问在铰 C 处施加的力 F_C 应取何值?

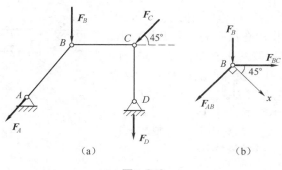

图　2.9

解　这是一个物体系统的平衡问题。从整个机构来看,它受四个力 F_B、F_C、F_A、F_D 不是平面汇交力系[见图 2.9(a)],所以不能取整体作为研究对象求解。要求解的未知力 F_C 作用于铰 C 上,铰 C 受平面汇交力系的作用,所以应该通过研究铰 C 的平衡来求解。

铰 C 除受未知力 F_C 的作用外,还受到二力杆 BC 和 DC 的约束反力 F_{CB} 和 F_{DC} 的作用。这三个力都是未知的,只要能求出 F_{BC} 和 F_{DC} 之中的任意一个,就能根据铰 C 的平衡求出力 F_C。

铰 B 除受已知力 F_B 的作用外,还受到二力杆 AB 和 BC 杆的约束反力 F_{AB} 和 F_{BC} 的作用。通过研究铰 B 的平衡可以求出 BC 杆的约束反力 F_{BC}。

综合以上分析结果,得到本题的解题思路:先以铰 B 为分离体求 BC 杆的反力 F_{BC};再以铰 C 为脱离体,求未知力 F_C。

(1)取铰 B 为脱离体,其受力图如图 2.9 所示。因为只需求约束反力 F_{BC},所以选取 x 轴与不需求出的力 F_{AB} 垂直。由平衡方程

由 $\sum X = 0$, 　　　　　　$F_B\cos 45° + F_{BC}\cos 45° = 0$

解得 　　　　　　　　　　$F_{BC} = -F_B$

(2)取 C 为脱离体,受力图大家自行绘制,力 F_{CB} 的大小是已知的,即 $F_{CB} = F_{BC} = -F_B$。为求力 F_C 的大小,选取 x 轴与反力 F_{CD} 垂直,由平衡方程

由 $\sum X = 0$, 　　　　　　$-F_{CB} - F_{BC}\cos 45° = 0$

解得 　　　　　　　　　　$F_C = \sqrt{2} F_B$

通过以上分析和求解过程可以看出,在求解平衡问题时,要恰当地选取脱离体,恰当地选取坐标轴,以最简洁、合理的途径完成求解工作。尽量避免求解联立方程,以提高计算的工作效率。这些都是求解平衡问题所必须注意的。

第二节　平面力偶系的合成与平衡

本节研究力矩、力偶和平面力偶系的理论。这都是有关力的转动效应的基本知识,在理论研究和工程实际应用中都有重要的意义。

1. 平面力对点之矩的概念与计算

(1)力矩的概念

从生产实践活动中人们认识到,力不仅能使物体产生移动,还能使物体产生转动。例如用扳手拧螺母,如图 2.10 所示,设螺母能绕点 O 转动。由经验可知,螺母能否旋动,不仅取决于作用在扳手上的力 F 的大小,而且还与点 O 到 F 的作用线的垂直距离 d 有关。因此,用 F 与 d 的乘积作为力 F 使螺母绕点 O 转动效应的量度。其中距离 d 称为 F 对 O 点的力臂,点 O 称为矩心。由于转动有逆时针和顺时针两个转向,则力 F 对 O 点之矩定义为:力的大小 F 与力臂 d 的乘积冠以适当的正负号,以符号 $M_O(F)$ 表示,记为

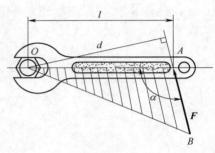

图　2.10

$$M_O(F) = \pm Fd \qquad (2.8)$$

力对点之矩是一个代数量,其正负号规定为:力使物体绕矩心逆时针方向转动时,力矩为正,反之为负。

由图 2.10 可见,力 F 对 O 点之矩的大小,也可以用 $\triangle OAB$ 的面积的两倍表示,即

$$M_O(F) = \pm 2\triangle OAB \qquad (2.9)$$

在国际单位制中,力矩的单位是牛·米(N·m)或千牛·米(kN·m)。

(2)力矩的性质

由力矩的定义式(2.8)可知,力矩具有如下性质:

①力对点之矩,不仅取决于力的大小,还与矩心的位置有关。力矩随矩心的位置变化而变化。

②力对任一点之矩,不因该力的作用点沿其作用线移动而改变,再次说明力是滑移矢量。

③力的大小等于零或其作用线通过矩心时,力矩等于零。

(3)合力矩定理

定理:平面汇交力系的合力对其平面内任一点的矩等于所有各分力对同一点之矩的代数和。

证明:如图 2.11 所示,将作用于物体平面上 A 点的力 F,沿其作用线滑移到 B 点(B 点为矩心 O 点到 F 作用线的垂足),不改变力 F 对物体的外效应(力的可传性原理)。在 B 点将 F 沿坐标轴方向正交分解为两分力 F_x、F_y,即 $F = F_x + F_y$。分别计算并讨论力 F 和分力 F_x、F_y 对 O 点力矩的关系。

$$M_O(F_x) = F\cos \alpha \cdot d\cos \alpha = Fd \cos^2\alpha$$
$$M_O(F_y) = F\sin \alpha \cdot d\sin \alpha = Fd \sin^2\alpha$$
$$M_O(F) = F \cdot d = M_O(F_x) + M_O(F_y)$$

上式表明,合力对某点的力矩等于力系中各分力对同点力矩的代数和。该定理不仅适用于正交分解的两个分力系,对任何有合力的力系均成立。若力系有 n 个力作用,则

$$M_O(F_R) = M_O(F_1) + M_O(F_2) + \cdots + M_O(F_n) = \sum M_O(F)$$

$$(2.10)$$

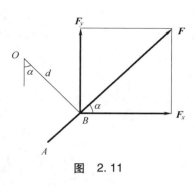

图　2.11

式(2.10)称为合力矩定理。合力矩定理建立了合力对点之矩与分力对同一点之矩的关系。

求平面力对某点的力矩,一般采用以下两种方法:

① 用力和力臂的乘积求力矩。这种方法的关键是确定力臂 d。需要注意的是,力臂 d 是矩心到力的作用线的距离,即力臂一定要垂直力的作用线。

② 用合力矩定理求力矩。工程实际上,有时力臂 d 的几何关系较复杂,不易确定时,可将作用力正交分解为两个分力,然后应用合力矩定理求原力对矩心的力矩。

例 2.6　试计算图 2.12 中力对 A 点之矩。

解　本题有两种解法。

① 由力矩的定义计算力 F 对 A 点之矩。

先求力臂 d,由图中几何关系有:$d = AD\sin \alpha = (AB - DB)\sin \alpha = (AB - BC\cot \alpha)\sin\alpha = a\sin \alpha - b\cos \alpha$,所以

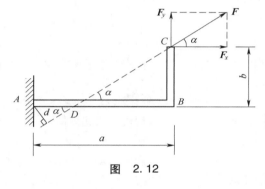

图　2.12

$$M_A(F) = Fd = F(a\sin \alpha - b\cos \alpha)$$

② 根据合力矩定理计算力 F 对 A 点之矩。

将力 F 在 C 点分解为两个正交的分力,由合力矩定理可得

$$M_A(F) = F \cdot d = M_A(F_x) + M_A(F_y) = -F_x \cdot b + F_y \cdot a$$
$$= -F\cos\alpha \cdot b + F\sin\alpha \cdot a = F(a\sin \alpha - b\cos \alpha)$$

本例两种解法的计算结果是相同的,当力臂不易确定时,用后一种方法较为简便。

2. 力偶

(1)力偶、力偶矩

在日常生活和工程实际中经常见到物体受两个大小相等、方向相反,但不在同一直线上的两个平行力作用的情况。

例如,驾驶人驾驶汽车时两手作用在方向盘上的力[见图 2.13(a)];工人用丝锥攻螺纹时两手加在扳手上的力[见图 2.13(b)];以及用两个手指拧动水龙头所加的力[见图 2.13(c)]。

在力学中把这样一对等值、反向而不共线的平行力称为力偶,用符号 (F,F') 表示。两个力作用线之间的垂直距离称为力偶臂,两个力作用线所决定的平面称为力偶的作用面。

力偶是一个基本的力学量,并具有一些独特的性质,它既不平衡,也不能合成为一个合力,只能使物体产生转动效应,且当力愈大或力偶臂愈大时,力偶使刚体转动效应就愈显著。因此,力偶对物体的转动效应取决于:力偶中力的大小、力偶的转向以及力偶臂的大小。在平面问题中,将力偶中的一个力的大小和力偶臂的乘积冠以正负号,作为力偶对物体转动效应的量度,称为力偶矩,用 M 或 $M(F,F')$ 表示,如图 2.14 所示,即

$$M(F,F') = \pm F \cdot d = \pm 2\triangle ABC \qquad (2.11)$$

力偶矩和力矩一样,是代数量。其正负号表示力偶的转向,通常规定:力偶使物体逆时针方向

转动时,力偶矩为正,反之为负。在国际单位制中,力偶矩的单位是牛·米(N·m)或千牛·米(kN·m)。力偶矩的大小、转向和作用平面称为力偶的三要素,三要素中的任何一个发生了改变,力偶对物体的转动效应就会改变。

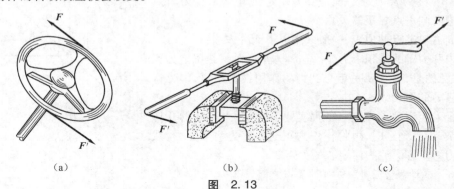

| (a) | (b) | (c) |

图 2.13

(2)力偶的性质

力和力偶是静力学中两个基本要素。力偶与力具有不同的性质:

力偶无合力,在坐标轴上的投影之和为零,即力偶不能用一个力等效替代。因此力偶不能与一个力平衡,力偶只能与力偶平衡。

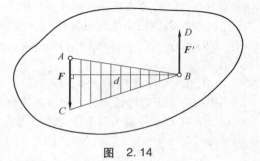

图 2.14

力偶无合力,可见它对物体的效应与一个力对物体的效应是不相同的。一个力对物体有移动和转动两种效应;而一个力偶对物体只有转动效应,没有移动效应。因此,力与力偶不能相互替代,也不能相互平衡。可以将力和力偶看作构成力系的两种基本要素。

力偶对其作用面内任一点的矩恒等于力偶矩,与矩心位置无关。

如图 2.15 所示,力偶(F,F')的力偶矩 $M=F·d$。在其作用面内任取一点 O 为矩心,因为力使物体转动效应用力对点之矩量度,因此力偶的转动效应可用力偶中的两个力对其作用面内任何一点的矩的代数和来量度。设 O 到力 F' 的垂直距离为 x,则力偶(F,F')对于点 O 的矩为

$$M_O(F,F') = M_O(F) + M_O(F') = F(x+d) - F'x = F·d = M$$

所得结果表明,不论点 O 选在何处,其结果都不会变,即力偶对其作用面内任一点的矩总等于力偶矩。所以力偶对物体的转动效应只取决于偶矩(包括大小和转向),而与矩心位置无关。

由上述分析得到如下结论:

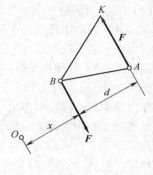

图 2.15

在同一平面内的两个力偶,只要两力偶的力偶矩的代数值相等,则这两个力偶相等。这就是平面力偶的等效条件。

根据力偶的等效性,可得出下面两个推论:

推论 1 力偶可在其作用面内任意移动和转动,而不会改变它对物体的效应。

推论 2 只要保持力偶矩不变,可同时改变力偶中力的大小和力偶臂的长度,而不会改变它对

物体的作用效应。

值得注意的是,上述两个推论仅适用于刚体,不适用于变形体。

由力偶的等效性可知,力偶对物体的作用,完全取决于力偶矩的大小、转向和作用平面。因此,表示平面力偶时,可以不表明力偶在平面上的具体位置以及组成力偶的力和力偶臂的值,用一带箭头的弧线来表示,并标出力偶矩的值即可。如图 2.16 所示,其中箭头表示力偶的转向,m 表示力偶矩的大小。

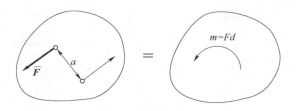

图 2.16

3. 平面力偶系的合成与平衡

（1）平面力偶系的合成

作用在物体同一平面内的若干个力偶,称为平面力偶系。

设在刚体的同一平面内作用三个力偶(F_1,F_1')、(F_2,F_2') 和(F_3,F_3'),如图 2.17(a)所示。各力偶矩分别为

$$M_1 = F_1 \cdot d_1, \quad M_2 = F_2 \cdot d_2, \quad M_3 = -F_3 \cdot d_3$$

在力偶作用面内任取一线段 $AB = d$,按力偶等效条件,将这三个力偶都等效地改为以 d 为力偶臂的力偶(P_1,P_1')、(P_2,P_2') 和(P_3,P_3'),如图 2.17(b)所示。由等效条件可知:

$$P_1 \cdot d = F_1 \cdot d_1, \quad P_2 \cdot d = F_2 \cdot d_2, \quad -P_3 \cdot d = -F_3 \cdot d_3$$

则等效变换后的三个力偶的力的大小可求出。

然后移转各力偶,使它们的力偶臂都与 AB 重合,则原平面力偶系变换为作用于点 A、B 的两个共线力系如图 2.17(b)所示。将这两个共线力系分别合成,得

$$F_R = P_1 + P_2 - P_3$$
$$F_R' = P_1' + P_2' - P_3'$$

可见,力 F_R 与 F_R' 等值、反向,作用线平行但不共线,构成一新的力偶(F_R,F_R'),如图 2.17(c)所示。力偶(F_R,F_R')称为原来的三个力偶的合力偶。用 M_R 表示此合力偶矩,则

$$M_R = F_R d = (P_1 + P_2 - P_3)d = P_1 \cdot d + P_2 \cdot d - P_3 \cdot d = F_1 \cdot d_1 + F_2 \cdot d_2 - F_3 \cdot d_3$$

所以
$$M_R = M_1 + M_2 + M_3$$

若作用在同一平面内有 n 个力偶,则上式可以推广为

$$M_R = M_1 + M_2 + \cdots + M_n = \sum M$$

由此可得到如下结论:

平面力偶系可以合成为一合力偶,此合力偶的力偶矩等于力偶系中各力偶的力偶矩的代数和。

（2）平面力偶系的平衡条件

平面力偶系可以用它的合力偶等效代替,因此,若合力偶矩等于零,则原力系必定平衡;反之,

构件强度校核与材料选用

若原力偶系平衡,则合力偶矩必等于零。由此可得到平面力偶系平衡的必要与充分条件:平面力偶系中各分力偶矩的代数和等于零,即

$$\sum M = 0 \qquad\qquad (2.12)$$

平面力偶系有一个平衡方程,可以求解一个未知量。

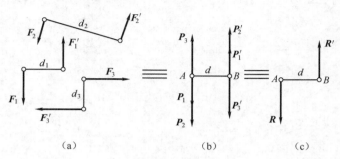

图 2.17

例 2.7 如图 2.18 所示,电动机轴通过联轴器与工作轴相连,联轴器上 4 个螺栓 A、B、C、D 的孔心均匀地分布在同一圆周上,此圆的直径 $d = 150$ mm,电动机轴传给联轴器的力偶矩 $m = 2.5$ kN·m,试求每个螺栓所受的力为多少?

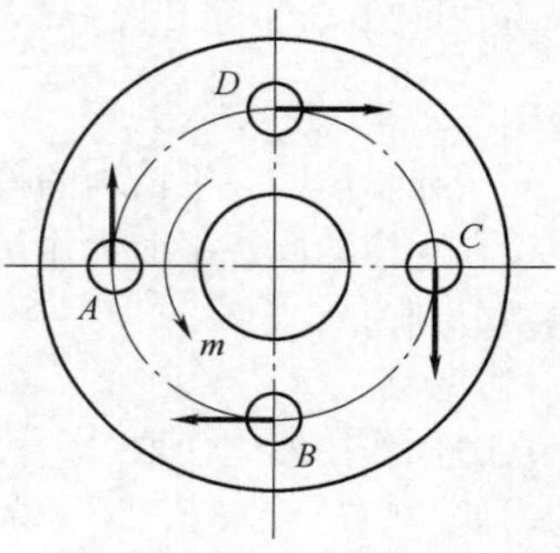

解 取联轴器为研究对象,作用于联轴器上的力有电动机传给联轴器的力偶,每个螺栓的反力,受力图如图 2.18 所示。设 4 个螺栓的受力均匀,即 $F_1 = F_2 = F_3 = F_4 = F$,则组成两个力偶并与电动机传给联轴器的力偶平衡。

由 $\sum M = 0$, $\qquad m - F \times AC - F \times d = 0$

解得 $\qquad F = \dfrac{m}{2d} = \dfrac{2.5}{2 \times 0.15} = 8.33$ kN

图 2.18

例 2.8 如图 2-19 所示,简支梁 $AB = l$,作用一力偶 M,不计自重。求下列三种情况下的支座约束力。

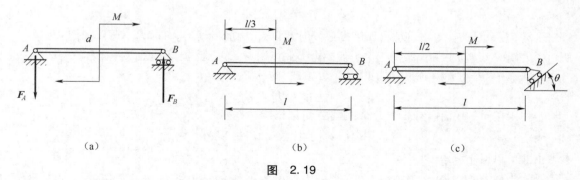

图 2.19

解 梁上作用力偶 M 外,还有约束力 F_A、F_B。因为力偶只能与力偶平衡,所以

$$F_A = F_B$$

由 $\sum M = 0$,得

24

$$-M + F_A l = 0$$
$$F_A = F_B = M/l$$

受力图为

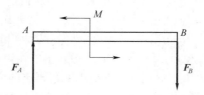

仍然有 $F_A = F_B = M/l$。
受力图为

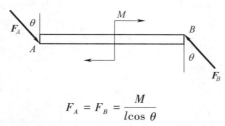

$$F_A = F_B = \frac{M}{l\cos\theta}$$

例 2.9　机构 $OABD$,在杆 OA 和 BD 上分别作用着矩为 M_1 和 M_2 的力偶,而使机构在图示位置处于平衡。已知 $OA = r, DB = 2r, \alpha = 30°$,不计杆重试求 M_1 和 M_2 的关系。

解　由于杆 AB 为二力杆,再由力偶只能与力偶平衡,则 OA 杆与 BD 杆的受力如图 2.20 所示。
分别写出杆 OA 和 BD 的平衡方程:
由 $\sum M = 0$,得

$$M_1 - rF_{AB}\cos\alpha = 0$$
$$-M_2 + 2rF_{BA}\cos\alpha = 0$$

因为　$F_{AB} = F_{BA}$,
则得　$M_2 = 2M$。

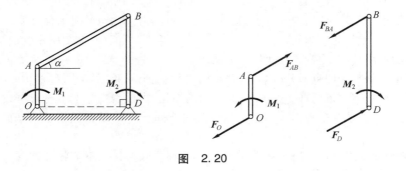

图　2.20

4. 力的平移定理

由力的可传性可知,力可以沿其作用线滑移到刚体上任意一点,而不改变力对刚体的作用效应。但当力平行于原来的作用线移动到刚体上任意一点时,力对刚体的作用效应便会改变,为了进行力系的简化,将力等效地平行移动,给出如下定理:

力的平移定理:作用于刚体上的力可以平行移动到刚体上的任意一指定点,但必须同时在该力与指定点所决定的平面内附加一力偶,其力偶矩等于原力对指定点之矩。

证明:设力 F 作用于刚体上 A 点,如图 2.21(a)所示。为将力 F 等效地平行移动到刚体上任意一点,根据加减平衡力系公理,在 B 点上加上两个等值、反向的力 F' 和 F'',并使 $F'=F''=F$,如图 2.21(b)所示。显然,力 F、F' 和 F'' 组成的力系与原力 F 等效。由于在力系 F、F' 和 F'' 中,力 F 与力 F'' 等值、反向且作用线平行,它们组成力偶$(F、F'')$。于是作用在 B 点的力 F' 和力偶$(F、F'')$与原力 F 等效。亦即把作用于 A 点的力 F 平行移动到任意一点 B,但同时附加了一个力偶,如图 2.21(c)所示。由图可见,附加力偶的力偶矩为

$$M = F \cdot d = M_B(F)$$

力的平移定理表明,可以将一个力分解为一个力和一个力偶;反过来,也可以将同一平面内一一个力和一个力偶合成为一个力。应该注意,力的平移定理只适用于刚体,而不适用于变形体,并且只能在同一刚体上平行移动。

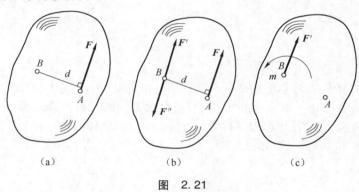

(a)　　　　　(b)　　　　　(c)

图 2.21

第三节　平面任意力系及平衡分析

本节主要研究平面任意力系的简化结果及平衡方程的应用问题。作用在物体上的力的作用线都位于同一平面,既不全部汇交于一点,又不全部平行的力系称为平面任意力系。

在工程实际中,大部分力学问题都可归属于这类力系。例如,图 2.22 所示的简支梁受到外荷载及支座反力的作用,这个力系是平面任意力系。

有些问题虽不是平面任意力系,但对某些结构对称、受力对称、约束对称的力系,经适当简化,仍可归结为平面任意力系来处理。如图 2.23 所示的屋架,可以忽略它与其他屋架之间的联系,单独分离出来,视为平面结构来考虑。屋架上的荷载及支座反力作用在屋架自身平面内,组成一平面任意力系。

因此,研究平面任意力系问题具有非常重要的工程实际意义。本节将在前面知识的基础上,详述平面任意力系的简化和平衡问题,并介绍物体系的平衡问题。

1. 平面任意力系向作用面内任意一点简化

设刚体受到平面任意力系 $F_1,F_2,\cdots,F_n$ 的作用,如图 2.24(a)所示。在力系所在的平面内任

取一点 O，称 O 点为简化中心。应用力的平移定理，将力系中的力依次分别平移至 O 点，得到汇交于 O 点的平面汇交力系 $F'_1,F'_2,\cdots,F'_n$，此外还应附加相应的力偶，构成附加力偶系 $M_{O_1},M_{O_2},\cdots,M_{O_n}$，如图 2.24(b)所示。

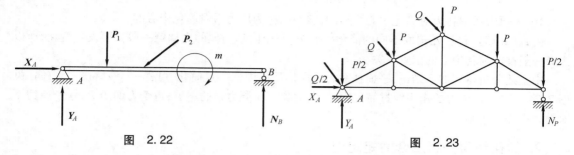

图　2.22　　　　　　　　　　　图　2.23

平面汇交力系中各力的大小和方向分别与原力系中对应的各力相同，即
$$F'_1 = F_1, F'_2 = F_2,\cdots,F'_n = F_n$$

所得平面汇交力系可以合成为一个力 R'，也作用于点 O，力矢 R' 等于各力矢 $F'_1,F'_2,\cdots,F'_n$ 的矢量和，即

$$R' = F'_1 + F'_2 + \cdots + F'_n = F_1 + F_2 + \cdots + F_n = \sum F \tag{2.13}$$

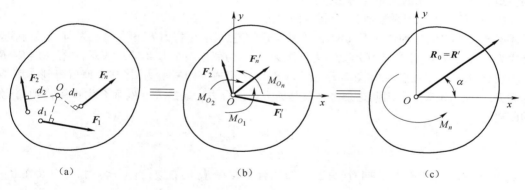

图　2.24

R' 称为该力系的主矢，它等于原力系各力的矢量和，与简化中心的位置无关。

主矢 R' 的大小与方向可用解析法求得。按图 2-24(b)所选定的坐标系 Oxy，有

$$R'_x = X_1 + X_2 + \cdots + X_n = \sum X$$
$$R'_y = Y_1 + Y_2 + \cdots + Y_n = \sum Y$$

主矢 R' 的大小及方向分别由下式确定：

$$\left. \begin{aligned} R' &= \sqrt{R'^2_x + R'^2_y} = \sqrt{\left(\sum X\right)^2 + \left(\sum Y\right)^2} \\ \alpha &= \arctan\left|\frac{R'_y}{R'_x}\right| = \arctan\left|\frac{\sum Y}{\sum X}\right| \end{aligned} \right\} \tag{2.14}$$

式中，α 为主矢 R' 与 x 轴正向间所夹的锐角。

各附加力偶的力偶矩分别等于原力系中各力对简化中心 O 之矩，即
$$M_{O_1} = M_O(F_1), M_{O_2} = M_O(F_2),\cdots,M_{O_n} = Mo(F_n)$$

所得附加力偶系可以合成为同一平面内的力偶,其力偶矩可用符号 M_O 表示,它等于各附加力偶矩 $M_{O_1},M_{O_2},\cdots,M_{O_n}$ 的代数和,即

$$M_O = M_{O_1} + M_{O_2} + \cdots + M_{O_n} = M_O(F_1) + M_O(F_2) + \cdots + M_O(F_n) = \sum M_O(F) \quad (2.15)$$

M_O 为原力系中各力对简化中心之矩的代数和,称为原力系对简化中心的主矩。

由式(2.15)可见,在选取不同的简化中心时,每个附加力偶的力偶臂一般都要发生变化,所以主矩一般都与简化中心的位置有关。

由上述分析得到如下结论:平面任意力系向作用面内任一点简化,可得一个力和一个力偶[见图2.24(c)]。这个力的作用线过简化中心,其力矢等于原力系的主矢;这个力偶的矩,等于原力系对简化中心的主矩。

2. 简化结果分析及合力矩定理

平面任意力系向 O 点简化,一般得一个力和一个力偶。可能出现的情况有四种:

①$R' \neq 0, M_O = 0$,原力系简化为一个力,力的作用线过简化中心,此合力的矢量为原力系的主矢即 $RO = R' = \sum F$。

②$R' = 0, M_O \neq 0$,原力系简化为一力偶。此时该力偶就是原力系的合力偶,其力偶矩等于原力系的主矩。此时原力系的主矩与简化中心的位置无关。

③$R' = 0, M_O = 0$,原力系平衡,下节将详细讨论。

④$R' \neq 0, M_O \neq 0$,这种情况下,由力的平移定理的逆过程,可将力 R' 和力偶矩为 M_O 的力偶进一步合成为一合力 R,如图2.25所示。将力偶矩为 M_O 的力偶用两个力 R 与 R'' 表示,并使 $R' = R = R''$,R'' 作用在点 O,R 作用在点 A,如图2.25所示。R' 与 R'' 组成一对平衡力,将其去掉后得到作用于 A 点的力 R,与原力系等效。因此这个力 R 就是原力系的合力。显然 $R' = R$,而合力作用线到简化中心的距离为

$$d = \frac{|M_O|}{R} = \frac{|M_O|}{R'}$$

当 $M_O > 0$ 时,顺着 R_O 的方向看(见图2.25),合力 R 在 R_O 的右边;当 $M_O < 0$ 时,合力 R 在 R_O 的左边。

由以上分析,可以导出合力矩定理。

由图2.25(c)可见,合力对点之矩为

$$M_O(R) = R \cdot d = M_O$$

而 $M_O = \sum M_O(F)$,

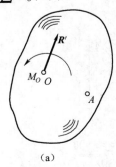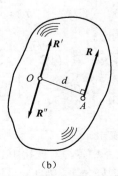

（a）　　　　　　　　　（b）　　　　　　　　　（c）

图　2.25

则
$$M_O(R) = \sum M_O(F) \tag{2.16}$$

因为 O 点是任选的,上式有普遍意义。

于是,得到合力矩定理:平面任意力系的合力对其作用面内任一点之矩等于力系中各力对同一点之矩的代数和。

例 2.10　在长方形平板 $OABC$ 各点上分别作用着 4 个力:$F_1 = 1$ kN,$F_2 = 2$ kN,$F_3 = F_4 = 3$ kN (见图 2.26),试求:①力系对 O 点的简化结果;②能否进一步简化?

解　向 O 点简化

①求主矢 F'_R:

建立如图 2.26 所示坐标系 xOy。

$F'_{Rx} = \sum X = -F_2\cos 60° + F_3 + F_4\cos 30° =$ -5.098 kN

$F'_{Ry} = \sum Y = F_1 - F_2\sin 60° + F_4\sin 30° = 0.768$ kN

主矢的大小:$F'_R = \sqrt{F'^2_{Rx} + F'^2_{Ry}} = 5.155$ kN

主矢的方向:$\theta = \arctan\left|\dfrac{F'_{Ry}}{F'_{Rx}}\right| = 8.56°$

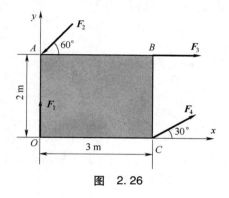

图　2.26

②主矩 M_O:
$$M_O = \sum M_O(F) = 2F_2\cos 60° - 2F_3 + 3F_4\sin 30° = 0.5 \text{ kN} \cdot \text{m}$$

最后简化结果:

由于主矢和主矩都不为零,所以最后合成结果是一个合力 F_R,如图 2.27 所示。
$$F_R = F'_R = 5.155 \text{ kN}$$

合力 F_R 到 O 点的距离　$d = M_O/F'_R \approx 0.1$ m

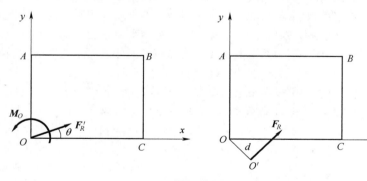

图　2.27

3. 平面任意力系的平衡

由以上讨论可知,当平面任意力系的主矢和主矩都等于零时,作用在简化中心的汇交力系是平衡力系,附加的力偶系也是平衡力系,所以该平面任意力系一定是平衡力系。于是得到平面任意力系的充分与必要条件是:力系的主矢和主矩同时为零,即
$$R' = 0, M_O = 0 \tag{2.17}$$

将式(2.14)和式(2.15)代入式(2.17),用解析式表示可得

$$\left.\begin{array}{l} \sum X = 0 \\ \sum Y = 0 \\ \sum M_o(F) = 0 \end{array}\right\} \qquad (2.18)$$

上式为平面任意力系的平衡方程。平面任意力系平衡的充分与必要条件可解析地表达为:力系中各力在其作用面内两相交轴上的投影的代数和分别等于零,同时力系中各力对其作用面内任一点之矩的代数和也等于零。

平面任意力系的平衡方程除了由简化结果直接得出的基本形式即式(2.18)外,还有二矩式和三矩式。

二矩式平衡方程形式:

$$\left.\begin{array}{l} \sum X = 0 \text{ 或 } \sum Y = 0 \\ \sum M_A(F) = 0 \\ \sum M_B(F) = 0 \end{array}\right\} \qquad (2.19)$$

式中,矩心 A、B 两点的连线不能与相应投影轴垂直。

三矩式平衡方程形式:

$$\left.\begin{array}{l} \sum M_A(F) = 0 \\ \sum M_B(F) = 0 \\ \sum M_C(F) = 0 \end{array}\right\} \qquad (2.20)$$

式中,A、B、C 三点不能共线。

平面任意力系有三种不同形式的平衡方程组,每种形式都只含有三个独立的方程式,都只能求解三个未知量。在解决实际问题时,适当地选择矩心和投影轴可简化计算过程。一般来说,矩心应选在未知力的汇交点,投影轴应尽可能与力系中多数力的作用线相互垂直或平行。

平面平行力系是平面任意力系的一种特殊情况。当力系中各力的作用线在同一平面内且相互平行,这样的力系称为平面平行力系。其平衡方程可由平面任意力系的平衡方程导出。

如图 2.28 所示,在平面平行力系的作用面内取直角坐标系 Oxy,令 y 轴与该力系各力的作用线平行,则不论力系平衡与否,各力在 x 轴上的投影恒为零,不再具有判断平衡与否和功能。由式(2.18)得

$$\left.\begin{array}{l} \sum Y = 0 \\ \sum M_o(F) = 0 \end{array}\right\} \qquad (2.21)$$

由式(2.21)得

$$\left.\begin{array}{l} \sum M_A(F) = 0 \\ \sum M_B(F) = 0 \end{array}\right\} \qquad (2.22)$$

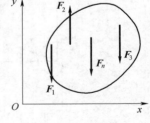

图　2.28

式中,两个矩心 A、B 的连线不能与各力作用线平行。

平面平行力系有两个独立的平衡方程,可以求解两个未知量。

例 2.11　图 2.29(a)所示为一悬臂式起重机,A、B、C 都是铰链连接。梁 AB 自重 $G = 1$ kN,作用在梁的中点,提升重量 $P = 8$ kN,杆 BC 自重不计,求支座 A 的反力和杆 BC 所受的力。

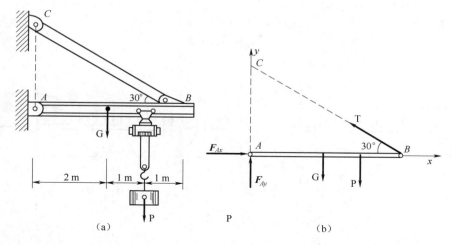

图　2.29

解

①取梁 AB 为研究对象,受力图如图 2.29(b)所示。A 处为固定铰支座,其反力用两分力表示,杆 BC 为二力杆,它的约束反力沿 BC 轴线,并假设为拉力。

②取投影轴和矩心。为使每个方程中未知量尽可能少,以 A 点为矩心,选取直角坐标系 Axy。

③列平衡方程并求解。梁 AB 所受各力构成平面任意力系,用三矩式求解:

由 $\sum M_A = 0$, 　　　　　　　　　$-G \times 2 - P \times 3 + T\sin 30° \times 4 = 0$

解得

$$T = \frac{(2G + 3P)}{4 \times \sin 30°} = \frac{(2 \times 1 + 3 \times 8)}{4 \times 0.5} = 13 \text{ kN}$$

由 $\sum M_B = 0$, 　　　　　　　　　$-F_{Ay} \times 4 + G \times 2 + P \times 1 = 0$

解得

$$F_{Ay} = \frac{(2G + P)}{4} = \frac{(2 \times 1 + 8)}{4} = 2.5 \text{ kN}$$

由 $\sum M_C = 0$, 　　　　　　　　　$F_{Ax} \times 4 \times \tan 30° - G \times 2 - P \times 3 = 0$

解得

$$F_x = \frac{(2G + 3P)}{4 \times \tan 30°} = \frac{(2 \times 1 + 3 \times 8)}{4 \times 0.577} = 11.26 \text{ kN}$$

校核

$$\sum F_x = F_{Ax} - T \times \cos 30° = 11.26 - 13 \times 0.866 = 0$$

$$\sum F_y = F_{Ay} - G - P + T \times \sin 30° = 2.5 - 1 - 8 - 13 \times 0.5 = 0$$

可见计算无误。

例 2.12　一端固定的悬臂梁如图 2.30(a)所示。梁上作用均布荷载,载荷集度为 q,在梁的自由端还受一集中力 P 和一力偶矩为 m 的力偶的作用。试求固定端 A 处的约束反力。

解　取梁 AB 为研究对象。受力图及坐标系的选取如图 2.30(b)所示。列平衡方程

由 $\sum X = 0$, 　　　　　　　　　$X_A = 0$

由 $\sum Y = 0$, 　　　　　　　　　$Y_A - ql - P = 0$

解得
$$Y_A = ql + P$$

由 $\sum M = 0$, $\qquad m_A - ql^2/2 - Pl - m = 0$

解得
$$m_A = ql^2/2 + Pl + m$$

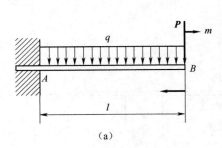

（a）

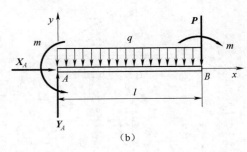

（b）

图 2.30

例2.13 塔式起重机如图2.31所示。机身重 G = 220 kN，作用线过塔架的中心。已知最大起吊重量 P = 50 kN，起重悬臂长 12 m，轨道 A、B 的间距为 4 m，平衡锤重 Q 至机身中心线的距离为 6 m。试求：①确保起重机不至翻倒的平衡锤重 Q 的大小；②当 Q = 30 kN，而起重机满载时，轨道对 A、B 的约束反力。

解 取起重机整体为研究对象。其正常工作时受力如图2.31所示。

①求确保起重机不至翻倒的平衡锤重 Q 的大小。

起重机满载时有顺时针转向翻倒的可能，要保证机身满载时而不翻倒，则必须满足：

$$N_A \geqslant 0$$

由 $\sum M_B = 0$，$Q(6+2) + 2G - 4N_A - P(12 - 2) = 0$ 解得

$$Q \geqslant (5P - G)/4 = 7.5 \text{ kN}$$

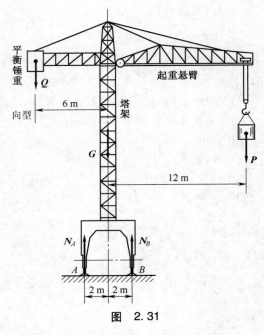

图 2.31

起重机空载时有逆时针转向翻倒的可能，要保证机身空载时平衡而不翻倒，则必须满足：

$$N_B \geqslant 0$$

由 $\sum M_A = 0$，$\qquad Q(6-2) + 4N_B - 2G = 0$

解得
$$Q \leqslant G/2 = 110 \text{ kN}$$

因此平衡锤重 Q 的大小应满足

$$7.5 \text{ kN} \leqslant Q \leqslant 110 \text{ kN}$$

②当 Q = 30 kN，求满载时的约束反力 N_A、N_B 的大小。

由 $\sum M_B = 0$，$\qquad Q(6+2) + 2G - 4N_A - P(12 - 10) = 0$

解得
$$N_A = (4Q + G - 5P)/2 = 45 \text{ kN}$$

由 $\sum Y = 0$, 　　　　　　　　$N_A + N_B - Q - G - P = 0$

解得 　　　　　　　　$N_B = Q + G + P - N_A = 255 \text{ kN}$

第四节　静定和静不定问题

1. 静定与静不定问题的概念

由前述平面任意力系的平衡可知,若构件在平面任意力系作用下处于平衡,则无论采用哪种形式的平衡方程,都只有三个独立方程,解出三个未知量。而平面汇交力系和平行力系都只有两个独立方程,平面力偶系只有一个平衡方程。

强调每种力系独立平衡方程的数目,对解题十分重要。对于一个平衡物体,若独立平衡方程数目与未知数的数目恰好相等,则全部未知数可由平衡方程求出,这样的问题称为静定问题。前面所讨论的都属于这类问题。但工程上有时为了增加结构的刚度或坚固性,常设置多余的约束,而使未知数的数目多于独立方程的数目,未知数不能由平衡方程全部求出,这样的问题称为静不定问题或超静定问题。

用静力学平衡方程求解构件的平衡问题,应先判断问题是否静定,这样可以避免盲目求解。

图 2.32 第一排三幅图都是平面汇交力系,有两个独立方程,两个未知力,是静定问题。第二排三幅图未知力的个数超出了独立方程的数目,是超静定问题。对于超静定问题的求解,要考虑物体受力后的变形,列出补充方程。

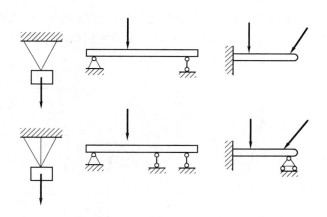

图　2.32

2. 物体系统的平衡问题

工程中的结构,一般是由几个构件通过一定的约束联系在一起的,称为物体系统,简称物系,如图 2.33 所示的三角拱。求解物系的平衡问题时,不仅要考虑系统以外物体对系统的作用力,同时还要分析系统内部各构件之间的作用力。作用于物体系统上的力,可分为内力和外力两大类。系统外的作用于该物体系统的力,称为外力;系统内部各物体之间的相互作用力,称为内力。物系

构件强度校核与材料选用

外力与物系内力是两个相对的概念,对于整个物体系统来说,内力总是成对出现的,两两平衡,故无须考虑,如图 2.33(b)的铰链 C 处。而当取系统内某一部分为研究对象时,作用于系统上的内力变成了作用在该部分上的外力,必须在受力图中画出,如图 2.33(c)中铰链 C 处的 F_{C_x} 和 F_{C_y}。

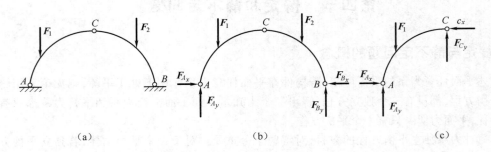

图 2.33

若整个物系处于平衡,那么组成物系的各个构件也处于平衡。因此在求解时,既可以选择整个系统为研究对象,也可以选择单个构件或部分构件为研究对象。一般若系统由 n 个物体组成,每个平面力系作用的物体,最多列出三个独立的平衡方程,而整个系统共有不超过 $3n$ 个独立的平衡方程,解出 $3n$ 个未知量。若所取研究对象中有平面汇交力系(或平行力系、力偶系)时,独立平衡方程的数目将相应地减少。当系统中的未知力的数目等于或小于能列出的独立的平衡方程的数目时,该系统就是静定的;否则就是超静定的问题。物体系统平衡是静定问题时才能应用平衡方程求解。

例 2.14 图 2.34 所示的人字形折梯放在光滑地面上。重 $P = 800$ N 的人站在梯子 AC 边的中点 H,C 是铰链,已知 $AC = BC = 2$ m;$AD = EB = 0.5$ m,梯子的自重不计。求地面 A、B 两处的约束反力和绳 DE 的拉力。

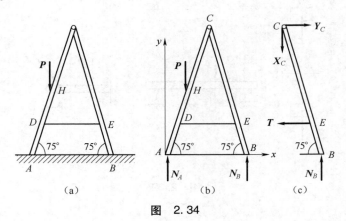

图 2.34

解

①先取梯子整体为研究对象。受力图及坐标系如图 2.34(b)所示。

由 $\sum M_A = 0$, $\qquad N_B(AC + BC)\cos 75° - P \cdot AC \cos 75°/2 = 0$

解得 $\qquad\qquad\qquad\qquad\qquad\qquad N_B = 200$ N

由 $\sum Y = 0$, $\qquad\qquad\qquad N_A + N_B - P = 0$

34

解得 $\qquad\qquad\qquad\qquad\qquad\qquad N_A = 600\ \text{N}$

②求绳子的拉力，取其所作用的杆 BC 为研究对象。受力图如图 2.34(c)所示。

由 $\sum M_C = 0$，$\qquad\qquad N_B \cdot BC \cdot \cos 75° - T \cdot EC \cdot \sin 75° = 0$

解得 $\qquad\qquad\qquad\qquad\qquad\qquad T = 71.5\ \text{N}$

例 2.15 组合梁由 AB 梁和 BC 梁用中间铰链 B 连接而成，支承与荷载情况如图 2.35(a)所示。已知 $P = 20\ \text{kN}$，$q = 5\ \text{kN/m}$，$\alpha = 45°$，求支座 A、C 的约束反力及铰 B 处的压力。

解

①先取 BC 梁为研究对象。受力图及坐标如图 2.35(b)所示。

由 $\sum M_C = 0$，$1 \cdot P - 2Y_B = 0$

$Y_B = 0.5P = 0.5 \times 20 = 10\ \text{kN}$ 解得

由 $\sum Y = 0$，$Y_B - P + N_C \cos \alpha = 0$ 解得

$\qquad\qquad N_C = 14.14\ \text{kN}$

由 $\sum X = 0$，$X_B - N_C \sin \alpha = 0$ 解得

$\qquad\qquad X_B = 10\ \text{kN}$

②再取 AB 梁为研究对象，受力图及坐标如图 2.35(c)所示。

由 $\sum X = 0$，$X_A - X'_B = 0$ 解得

$$X_A = X'_B = 10\ \text{kN}$$

由 $\sum Y = 0$，$Y_A - Q - Y'_B = 0$ 解得

$$Y_A = Q + Y'_B = 2q + Y_B = 20\ \text{kN}$$

由 $\sum M_A = 0$，$M_A - 1 \cdot Q - 2\,Y'_B = 0$ 解得

$$M_A = 30\ \text{kN} \cdot \text{m}$$

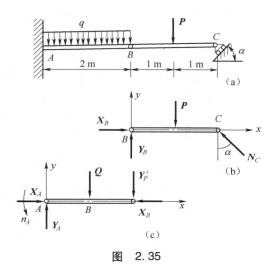

图 2.35

例 2.16 图 2.36 为一个钢筋混凝土三铰刚架的计算简图，在刚架上受到沿水平方向均匀分布的线荷载 $q = 8\ \text{kN/m}$，刚架高 $h = 8\ \text{m}$，跨度 $l = 12\ \text{m}$。试求支座 A、B 及铰 C 的约束反力。

解

①先取刚架整体为研究对象。受力图如图 2.36(b)所示。

由 $\sum M_C = 0$，$ql^2/2 - Y_A l = 0$ 解得

$$Y_A = ql/2 = 48\ \text{kN}$$

由 $\sum X = 0$，$Y_A - ql + Y_B = 0$ 解得

$$Y_B = Y_A = 48\ \text{kN}$$

由 $\sum X = 0$，$X_A - X_B = 0$ 解得

$$X_A = X_B \qquad\qquad\qquad\qquad\qquad\qquad (2.23)$$

②再取左半刚架为研究对象。受力图如图 2.36(c)所示。

由 $\sum M_C = 0$，$ql^2/8 + X_A h - Y_A l/2 = 0$ 解得

$$X_A = 18 \text{ kN}$$

由式(2.23)得 $\qquad X_A = X_B = 18 \text{ kN}$

由 $\sum X = 0, X_A - X_C = 0$ 解得

$$X_C = X_A = 18 \text{ kN}$$

由 $\sum X = 0, Y_A - ql/2 + Y_C = 0$ 解得

$$Y_C = 0$$

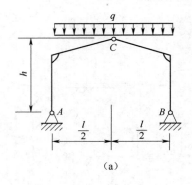
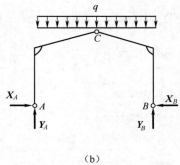
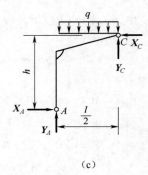

图 2.36

第三章
空间力系分析
及平衡问题

空间力系——各力的作用线不在同一平面内的力系。本章将研究空间力系的简化和平衡两个基本问题,所涉及的基本原理和方法仅是平面力系的进一步推广。

第一节　空间汇交力系分析及平衡计算

1. 力在空间直角坐标轴上的投影

（1）一次投影法

设空间直角坐标系的三个坐标轴如图 3.1 所示,已知力 F 与三个坐标轴所夹的锐角分别为 α、β、γ,则力 F 在三个轴上的投影等于力的大小乘以该夹角的余弦,即

$$\left.\begin{array}{l} F_x = F\cos\alpha \\ F_y = F\cos\beta \\ F_z = F\cos\gamma \end{array}\right\}$$

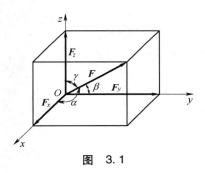

图　3.1

（2）二次投影法

有些时候,需要求某力在坐标轴上的投影,但没有直接给出这个力与坐标轴的夹角,而必须改用二次投影法。

如图3.2所示,若已知力 F 与 z 轴的夹角为 γ,力 F 和 z 轴所确定的平面与 x 轴的夹角为 φ,可先将力 F 在 xOy 平面上投影,然后再向 x、y 轴进行投影,则力在三个坐标轴上的投影分别为

$$F_x = F\sin\gamma\cos\varphi$$

$$F_y = F\sin\gamma\sin\varphi$$

$$F_z = F\cos\gamma$$

反过来,若已知力在三个坐标轴上的投影 F_x、F_y、F_z,也可求出力的大小和方向,即

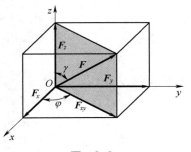

图　3.2

$$F = \sqrt{F_x^2 + F_y^2 + F_z^2}$$
$$\cos\alpha = \frac{F_x}{F}, \quad \cos\beta = \frac{F_y}{F}, \quad \cos\gamma = \frac{F_z}{F}$$

例 3.1 斜齿圆柱齿轮上 A 点受到啮合力 F_n 的作用,F_n 沿齿廓在接触处的法线方向,如图 3.3 所示。n 为压力角,β 为斜齿轮的螺旋角。试计算圆周力 F_t、径向力 F_r、轴向力 F_a 的大小。

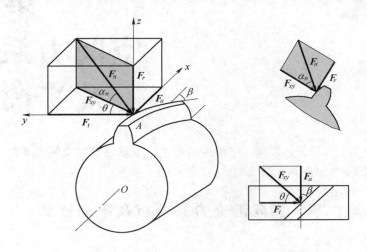

图 3.3

解 建立图示直角坐标系 $Axyz$,先将法向力 F_n 向平面 Axy 投影得 F_{xy},其大小为

$$F_{xy} = F_n\cos\alpha_n$$

向 z 轴投影得径向力 $F_r = F_n\sin\alpha_n$。

然后再将 F_{xy} 向 x、y 轴上投影,如图 3.3 所示,得

圆周力
$$F_t = F_{xy}\cos\beta = F_n\cos\alpha_n\cos\beta$$
轴向力
$$F_a = F_{xy}\sin\beta = F_n\cos\alpha_n\sin\beta$$

2. 力对轴之矩

在平面力系中,建立了力对点之矩的概念。力对点的矩,实际上是力对通过矩心且垂直于平面的轴的矩。

以推门为例,如图 3.4 所示。门上作用一力 F,使其绕固定轴 z 转动。现将力 F 分解为平行于 z 轴的分力 F_z 和垂直于 z 轴的分力 F_{xy}(此分力的大小即为力 F 在垂直于 z 轴的平面 A 上的投影)。由经验可知,分力 F_z 不能使静止的门绕 z 轴转动,所以分力 F_z 对 z 轴之矩为零;只有分力 F_{xy} 才能使静止的门绕 z 轴转动,即 F_{xy} 对 z 轴之矩就是力 F 对 z 轴之矩。现用符号 $M_z(F)$ 表示力 F 对 z 轴之矩,点 O 为平面 A 与 z 轴的交点,d 为点 O 到力 F_{xy} 作用线的距离。因此力 F 对 z 轴之矩为

$$M_z(F) = M_O(F_{xy}) = \pm F_{xy}d$$

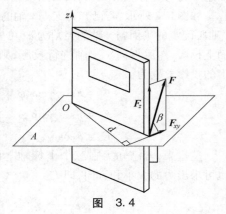

图 3.4

上式表明:力对轴之矩等于这个力在垂直于该轴的平面上的投影对该轴与平面交点之矩。力对轴之矩是力使物体绕该轴转动效应的度量,是一个代数量。其正负号可按以下方法确定:从 z 轴正端来看,若力矩逆时针,规定为正,反之为负。

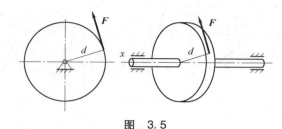

图　3.5

力对轴之矩等于零的情况:①当力与轴相交时(此时 $d=0$);②当力与轴平行时。

3. 合力矩定理

如一空间力系由 $F_1,F_2,\cdots,F_n$ 组成,其合力为 F_R,则可证明合力 F_R 对某轴之矩等于各分力对同一轴之矩的代数和。写为

$$M_z(F_R) = \sum M_z(F)$$

第二节　空间力系的平衡方程

1. 空间力系的简化

设物体上作用空间力系 $F_1,F_2,\cdots,F_n$,如图 3.6 所示。与平面任意力系的简化方法一样,在物体内任取一点 O 作为简化中心,依据力的平移定理,将图中各力平移到 O 点,加上相应的附加力偶,这样就可得到一个作用于简化中心 O 点的空间汇交力系和一个附加的空间力偶系。将作用于简化中心的汇交力系和附加的空间力偶系分别合成,便可得到主矢 F_R' 的大小为

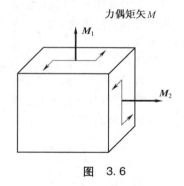

力偶矩矢 M

图　3.6

$$F_R' = \sqrt{\left(\sum F_x\right)^2 + \left(\sum F_y\right)^2 + \left(\sum F_z\right)^2}$$

得到一个作用于简化中 O 点的主矢 F_R' 和一个主矩 M_O,如图 3.7 所示。
主矩 M_O 的大小为

$$M_O = \sqrt{\left[\sum M_x(F)\right]^2 + \left[\sum M_y(F)\right]^2 + \left[\sum M_z(F)\right]^2}$$

2. 空间力系的平衡方程及其应用

空间任意力系平衡的必要与充分条件是:该力系的主矢和力系对于任一点的主矩都等于零。即 $F_R'=0, M_O=0$,则

39

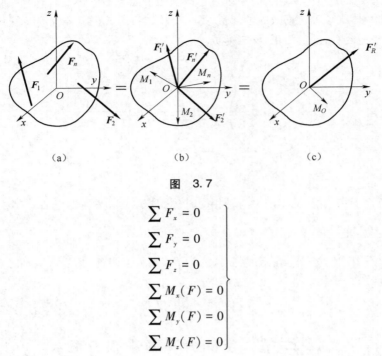

图 3.7

$$\begin{rcases} \sum F_x = 0 \\ \sum F_y = 0 \\ \sum F_z = 0 \\ \sum M_x(F) = 0 \\ \sum M_y(F) = 0 \\ \sum M_z(F) = 0 \end{rcases}$$

由上式可推知：

空间汇交力系的平衡方程为：各力在三个坐标轴上投影的代数和都等于零。

空间平行力系的平衡方程为：各力在某坐标轴上投影的代数和以及各力对另外两轴之矩的代数和都等于零。

当空间任意力系平衡时，它在任意平面上的投影所组成的平面任意力系也是平衡的。因而在工程中，常将空间力系投影到三个坐标平面上，画出构件受力图的主视、俯视、侧视等三视图，分别列出它们的平衡方程，同样可解出所求的未知量。这种将空间问题转换为平面问题的研究方法，称为空间问题的平面解法。这种方法特别适用于受力较多的轴类构件，如图 3.8 所示。

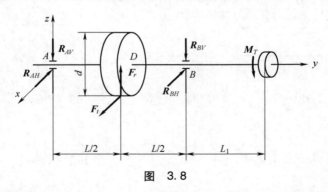

图 3.8

例 3.2 带式输送机传动系统中的从动齿轮轴如图 3.9 所示。已知齿轮的分度圆直径 $d =$ 282.5 mm，轴的跨距 $L = 105$ mm，悬臂长度 $L_1 = 110.5$ mm，圆周力 $F_t = 1\ 284.8$ N，径向力 $F_r = 467.7$ N，不计自重。求轴承 A、B 的约束反力和联轴器所受转矩 M_T。

解

①取从动齿轮轴整体为研究对象,作受力图。

②作从动齿轮轴受力图在三个坐标平面上的投影图。

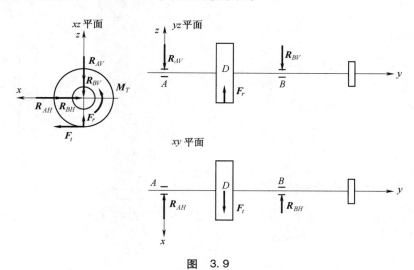

图 3.9

③按平面力系(三个投影力系)列平衡方程进行计算。

xz 平面 $\quad \sum M_A(F) = 0, M_r - \dfrac{d}{2}F_t = 0$

$$M_r = \dfrac{d}{2}F_t = \dfrac{282.5}{2} \times 1\,284.8\ \text{N} \cdot \text{mm} = 181\,481\ \text{N} \cdot \text{mm}$$

$$\sum M_A(F) = 0, \dfrac{L}{2}F_r - LR_{BV} = 0$$

yz 平面 $\quad R_{BV} = \dfrac{F_r}{2} = \dfrac{467.7}{2}\ \text{N} = 233.85\ \text{N}$

$$\sum F_Z = 0, -R_{AB} + F_r - R_{BV} = 0$$

$$R_{AB} = F_r - R_{BV} = (467.7 - 233.85)\text{N} = 233.85\ \text{N}$$

xy 平面 $\quad \sum M_A(F) = 0, -\dfrac{L}{2}F_t + LR_{BH} = 0$

$$R_{BH} = \dfrac{F_t}{2} = \dfrac{1\,284.8}{2}\ \text{N} = 642.4\ \text{N}$$

$$\sum F_x = 0, -R_{AH} + F_t - R_{BH} = 0$$

$$R_{AH} = F_t - R_{BH} = (1\,284.8 - 642.4)\text{N} = 642.4\ \text{N}$$

第三节　重　心

1. 重心的概念

重力的概念:重力就是地球对物体的吸引力。

物体的重心:物体的重力的合力作用点称为物体的重心。

无论物体怎样放置,重心总是一个确定点,重心的位置保持不变。

2. 重心坐标的公式

重心坐标的公式:

$$x_c = \frac{\sum G_i \cdot x_i}{G}$$

$$y_c = \frac{\sum G_i \cdot y_i}{G}$$

$$z_c = \frac{\sum G_i \cdot z_i}{G}$$

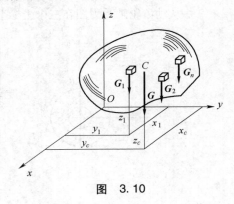

图 3.10

3. 均质物体的形心坐标公式

若物体为均质的,设其密度为 ρ,总体积为 V,微元的体积为 V_i,则 $G = \rho g V$,$G_i = \rho g V_i$,代入重心坐标公式,即可得到均质物体的形心坐标公式如下:

$$x_c = \frac{\sum V_i \cdot x_i}{V}$$

$$y_c = \frac{\sum V_i \cdot y_i}{V}$$

$$z_c = \frac{\sum V_i \cdot z_i}{V}$$

式中,$V = \sum V_i$。

在均质重力场中,均质物体的重心、质心和形心的位置重合。

4. 均质等厚薄板的重心(平面组合图形形心)公式

$$x_c = \frac{\sum A_i \cdot x_i}{A}$$

$$y_c = \frac{\sum A_i \cdot y_i}{A}$$

$$z_c = 0$$

令式中的 $\sum A_i \cdot x_i = A \cdot x_c = S_y$,$\sum A_i \cdot y_i = A \cdot y_c = S_x$,则 S_y、S_x 分别称为平面图形对 y 轴和 x 轴的静矩或截面一次矩。

5. 物体重心位置的求法

工程中,几种常见的求物体重心的方法简介如下:

(1)对称法

凡是具有对称面、对称轴或对称中心的简单形状的均质物体,其重心一定在它的对称面、对称轴和对称中心上。对称法求重心的应用如图 3.11 所示。

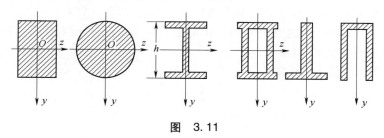

图 3.11

（2）试验法

对于形状复杂、不便于利用公式计算的物体，常用试验法确定其重心位置，常用的试验法有悬挂法和称重法。

①悬挂法。利用二力平衡公理，将物体用绳悬挂两次，重心必定在两次绳延长线的交点上。悬挂法确定物体的重心方法如图 3.12 所示。

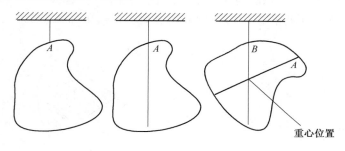

图 3.12

②称重法。对于体积庞大或形状复杂的零件以及由许多构件所组成的机械，常用称重法来测定其重心的位置。例如，用称重法来测定连杆重心位置，如图 3.13 所示。

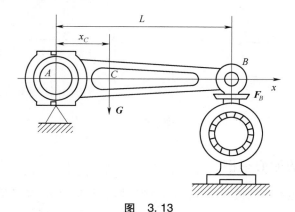

图 3.13

设连杆的重力为 G，重心 C 点与连杆左端的点相距为 x_C，量出两支点的距离 L，由磅秤读出 B 端的约束力 F_B，则有

$$\sum M_A(F) = 0 \qquad F_B \cdot L - G \cdot x_C = 0 \qquad x_C = \frac{F_B \cdot L}{G}$$

（3）分割法

工程中的零部件往往是由几个简单基本图形组合而成的,在计算它们的形心时,可先将其分割为几块基本图形,利用查表法查出每块图形的形心位置与面积,然后利用形心计算公式求出整体的形心位置。此法称为分割法。

下面是平面图形的形心坐标公式:

$$x_c = \frac{\sum A_i \cdot x_i}{A}$$

$$y_c = \frac{\sum A_i \cdot y_i}{A}$$

（4）负面积法

仍然用分割法的公式,只不过去掉部分的面积用负值。

（5）查表法

在工程手册中,可以查出常用的基本几何形体的形心位置计算公式。

如图 3.14 所示,列出了几个常用图形的形心位置计算公式和面积公式。

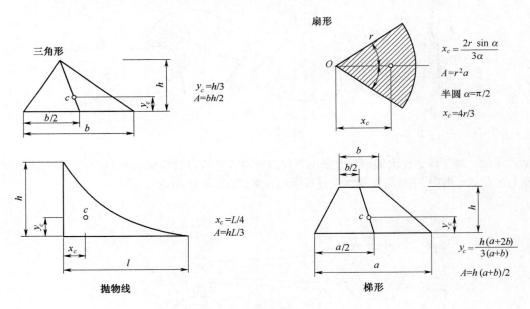

图 3.14

6. 求平面图形的形心举例

例3.3　热轧不等边角钢的横截面近似简化图形如图 3.15 所示,求该截面形心的位置。

解

方法一（分割法）:

根据图形的组合情况,可将该截面分割成两个矩形 Ⅰ、Ⅱ,C_1 和 C_2 分别为两个矩形的形心。取坐标系 xOy 如图 3.15 所示,则矩形 Ⅰ、Ⅱ的面积和形心坐标分别为

$$A_1 = 120 \text{ mm} \times 12 \text{ mm} = 1\ 440 \text{ mm}^2$$

44

$$x_1 = 6 \text{ mm}$$

$$y_1 = 60 \text{ mm}$$

$$A_2 = (80 - 12) \times 12 = 816 \text{ mm}^2$$

$$x_2 = 12 + (80 - 12)/20 = 46 \text{ mm}$$

$$y_2 = 6 \text{ mm}$$

$$x_c = \frac{\sum A_i \cdot x_i}{A} = \frac{A_1 \cdot x_1 + A_2 \cdot x_2}{A}$$

$$= \frac{1\,440 \times 6 + 816 \times 46}{1\,440 + 816} = 20.5 \text{ mm}$$

$$y_c = \frac{\sum A_i \cdot y_i}{A} = \frac{A_1 \cdot y_1 + A_2 \cdot y_2}{A}$$

$$= \frac{1\,440 \times 60 + 816 \times 6}{1\,440 + 816} = 40.5 \text{ mm}$$

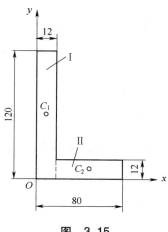

图　3.15

即所求截面形心 C 点的坐标为(20.5 mm,40.5 mm)

方法二(负面积法):

用负面积法求形心。计算简图如图3.16所示。

$$A_1 = 80 \text{ mm} \times 120 \text{ mm} = 9\,600 \text{ mm}^2$$

$$x_1 = 40 \text{ mm}$$

$$y_1 = 60 \text{ mm}$$

$$A_2 = -108 \text{ mm} \times 68 \text{ mm} = -7\,344 \text{ mm}^2$$

$$x_1 = 12 + (80 - 12)/2 = 46 \text{ mm}$$

$$y_1 = 12 + (120 - 12)/2 = 66 \text{ mm}$$

$$x_c = \frac{\sum A_i \cdot x_i}{A} = \frac{A_1 \cdot x_1 + A_2 \cdot x_2}{A}$$

$$= \frac{9\,600 \times 60 - 7\,344 \times 46}{9\,600 - 7\,344} = 20.5\text{mm}$$

$$y_c = \frac{\sum A_i \cdot y_i}{A} = \frac{A_1 \cdot y_1 + A_2 \cdot y_2}{A}$$

$$= \frac{9\,600 \times 60 - 7\,344 \times 66}{9\,600 - 7\,344} = 40.5 \text{ mm}$$

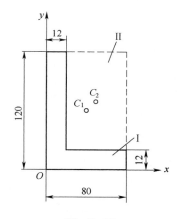

图　3.16

由于将去掉部分的面积作为负值,方法二又称为负面积法。

例3.4　试求如图3.17所示图形的形心。已知 $R = 100 \text{ mm}, r_2 = 30 \text{ mm}, r_1 = 17 \text{ mm}$。

解　由于图形有对称轴,形心必在对称轴上,建立坐标系 xOy 如图3.17所示,只须求出 x_c,将图形看成由三部分组成,各自的面积及形心坐标分别如下。

①半径为 R 的半圆面:

$$A_1 = \pi R^2/2 = \pi \times (100 \text{ mm})^2/2 = 15\,700 \text{ mm}^2$$

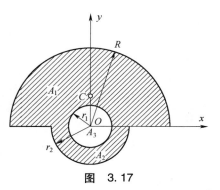

图　3.17

$$y_1 = 4R/(3\pi) = 4 \times 100/(3\pi) = 42.4 \text{ mm}$$

②半径为 r_2 的半圆面：

$$A_2 = \pi(r_2)^2/2 = \pi \times 30^2/2 = 1\,413 \text{ mm}^2$$

$$y_2 = -4r_2/(3\pi) = -4 \times 30/(3\pi) = -12.7 \text{ mm}$$

③被挖掉的半径为 r_1 的圆面：

$$A_3 = -\pi(r_3)^2 = -\pi 17^2 = 907.5 \text{ mm}^2$$

$$y_3 = 0$$

④求图形的形心坐标。由形心公式可求得

$$y_c = \frac{\sum A_i \cdot y_i}{A} = \frac{A_1 \cdot y_1 + A_2 \cdot y_2 + A_3 \cdot y_3}{A}$$

$$= \frac{15\,700 \times 42.4 + 1\,413 \times (-12.7) - 907.5 \times 0}{15\,700 + 1\,413 - 907.5} = 40.0 \text{ mm}$$

即所求截面形心 C 点的坐标为 $(0 \text{ mm}, 40 \text{ mm})$。

第／二／篇
构件承载能力校核与计算

前面几章主要研究的是物体在载荷作用下的平衡规律，因此把研究对象抽象为刚体，而实际上，如果物体受载荷（外力）作用后，其形状和尺寸都会发生变化（称为变形），而且还可能发生破坏，在外力作用下会产生变形的物体统称为变形固体。变形固体在外力作用下会产生两种不同的变形：一种是当外力消除后，变形也随之消失，这种变形称为弹性变形；另一种是外力消除后，变形不能完全消除而有所残留，称为塑性变形。本篇内容主要介绍构件承载能力校核与计算。

第四章
轴向拉伸与压缩

第一节　轴向拉伸与压缩的概念及内力分析

1. 概念

在工程中经常见到承受拉伸或压缩的杆件,例如紧固螺钉如图 4.1(a)所示,当拧紧螺母时,被压紧的工件对螺钉有反作用力,螺钉承受拉伸;千斤顶的螺杆如图 4.1(b)所示,在顶起重物时,则承受压缩。前者发生伸长变形,后者发生缩短变形,直杆沿轴线受大小相等、方向相反的外力作用,发生伸长或缩短的变形时,称为直杆的轴向拉伸与压缩。

若把承受轴向拉伸与压缩的杆件的形状和受力情况进行简化,则可以简化成图 4.2 所示的受力简图。图中用实线表示受力前的形状,虚线表示变形后的形状。

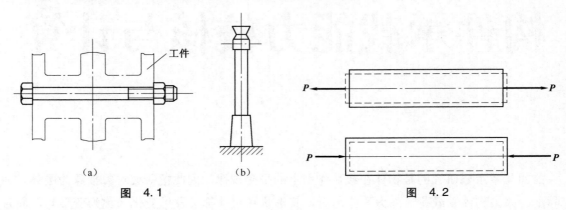

工件

（a）　　　　（b）

图　4.1　　　　　　　　　　　　图　4.2

2. 拉、压杆内力与截面法

（1）内力的概念

作用在杆件上的载荷和约束力统称外力。杆件在外力作用下发生变形,引起内部各部分之间的相对位置发生变化,从而产生彼此间的相互作用力。这种由外力引起的杆件内部的相互作用力称为内力。

（2）截面法

研究杆件的内力，显示其方向，确定其大小，通常采用截面法。截面法是假想地用一平面将杆件截开，分为两个部分，并把其中任一部分从杆件中分离出来，作为研究对象。在截开的截面上沿轴线方向上所有内力的合力，用一个轴力 N 来表示，再根据平衡条件由外力确定内力的大小，这就是截面法。

为了求出拉压杆横截面上的应力，先要研究拉压杆的内力。对直杆受轴向拉力 P 的作用，应用截面法，求 m—m 截面的内力，如图4.3所示。

首先，为了把内力暴露出来，可在此截面处假想将杆切开，分为Ⅰ、Ⅱ两段。其次，假定保留Ⅰ段，移去部分Ⅱ段对保留部分Ⅰ段的作用，用内力来代替，其合力为 N。此时，已暴露出来的内力 N 转化为外力的形式。最后，由于直杆原来处于平衡状态，切开后各部分仍应维持平衡。根据保留部分的平衡［见图4.3(b)］可得

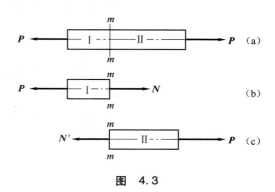

图　4.3

$$N = P$$

如果再次应用截面求 m—m 截面的内力，但保留Ⅱ段［见图4.3(c)］，这时 N' 代表Ⅰ段对Ⅱ段的作用力，同样可得

$$N' = P$$

因为外力 P 的作用线与杆件的轴线重合，内力的合力 N 的作用线也必然与杆件的轴线重合，所以 N 称为轴力，并且规定，当杆件受拉伸，即轴力 N（或 N'）背离截面时为正号；反之，杆件受压缩，即 N 指向截面时为负号。

当沿杆件轴线作用的外力多于两个时，在杆件各部分的截面上，轴力不尽相同。为了表示**轴力随截面位置的变化**，往往画出轴力沿杆件轴向方向变化的图形，即**轴力图**。

例4.1　试画出图4.4(a)所示直杆的轴力图。

解　此杆在 A、B、C、D 点承受轴向外力。使用截面法，先在 AB 段内取 1—1 截面，假想将直杆分成两段，弃去右段，并画出左段的受力图［见图4.4(b)］，用 N_1 表示右段对左段的作用。设 N_1 为正的轴力，由此段的平衡方程 $\sum x = 0$ 得

$$N_1 - 2P = 0 \qquad N_1 = 2P（拉力）$$

N_1 得正号，说明原先假设为拉力是正确的，同时也就表示轴力是正的。AB 段内任一截面的轴力都等于 $2P$。

同理取截面 2—2，选取截面左边一段［见图4.4(c)］的平衡方程 $\sum x = 0$ 得

$$N_2 + 3P - 2P = 0 \qquad N_2 = -P（压力）$$

N_2 得负号，说明原先假设为拉力是不正确的，应为压力，同时又表明轴力是负的。同理，取截面 3—3，选取左边部分［见图4.4(d)］，由平衡方程 $\sum x = 0$ 得

$$N_3 + P + 3P - 2P = 0 \qquad N_3 = -2P$$

如果研究截面 3—3 右边一段图［见图4.4(e)］，由平衡方程 $\sum x = 0$ 得

$$-N_3 - 2P = 0 \qquad N_3 = -2P（压力）$$

所得结果与前面相同。

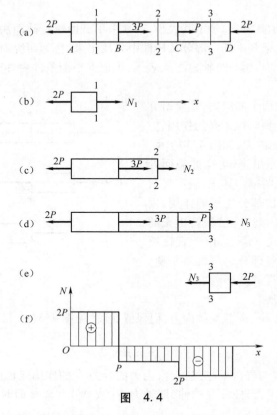

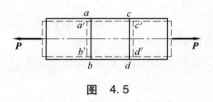

图 4.4

然后以 x 轴表示截面的位置,以垂直 x 轴的坐标表示对应截面的轴力,即可按选定的比例尺画出轴力图[见图4.4(f)]。在轴力图中,将拉力画在 x 轴的上侧,压力画在 x 轴的下侧。这样,轴力图不但显示出杆件各段的轴力的大小,而且还可以表示出各段内的变形是拉伸还是压缩。

前面应用截面法,可以求得任意截面上内力的总和,现在进一步分析横截面上的应力情况,首先研究该截面上的内力分布规律,内力是由于杆受外力后产生变形而引起的,首先通过实验观察杆受力后的变形现象,并根据现象做出假设和推论;然后进行理论分析,得出截面上的内力分布规律,最后确定应力的大小和方向。

现取一等直杆,拉压变形前在其表面上画垂直于杆轴的直线 ab 和 cd(见图4.5)。拉伸变形后,发现 ab 和 cd 仍为直线,且仍垂直于轴线,只是分别平行地移动至 $a'b'$ 和 $c'd'$。于是,可以作出如下假设:直杆在轴向拉压时横截面仍保持为平面。根据这个"平面假设"可知,杆件在它的任意两个横截面之间的伸长变形是均匀的。又因材料是均匀连续的,所以杆件横截面上的内力是均匀分布的,即在横截面上各点处的正应力都相等。若杆的轴力为 N,横截面积为 A,$\sigma A = N$,于是得

$$\sigma = N/A \qquad (4.1)$$

这就是拉杆横截面上正应力 σ 的计算公式。当 N 为压力时,它同样可用于压应力计算。规定拉应力为正,压应力为负。

图 4.5

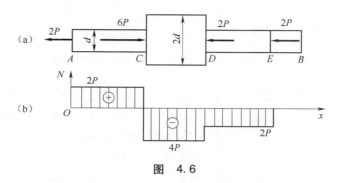

图　4.6

例 4.2　图 4.6(a)所示为一变截面拉压杆件,其受力情况如图 4.6(a)所示,试确定其危险截面。

解　运用截面法求各段内力,作轴力图[见图 4.6(b)]:

$$AC\ 段:N_1 = 2P$$
$$CD\ 段:N_2 = -4P$$
$$DE\ 段:N_3 = -2P$$
$$EB\ 段:N_4 = 0$$

根据内力计算应力,则得:

$$AC\ 段:\sigma_1 = \frac{N_1}{\frac{\pi d^2}{4}} = \frac{8P}{\pi d^2}$$

$$CD\ 段:\sigma_2 = \frac{N_2}{\frac{\pi D^2}{4}} = \frac{-4P}{\pi d^2}$$

$$DE\ 段:\sigma_3 = \frac{N_3}{\frac{\pi d^2}{4}} = -\frac{8P}{\pi d^2}$$

最大应力所在的截面称为危险截面。由计算可知,AC 段和 DE 段为危险截面。

第二节　拉伸和压缩时材料的力学性能

在外力作用下不同材料所表现的力学性能不同。所谓材料的力学性能主要是指,材料在外力作用下表现出的变形和破坏方面的特性。因此,要解决构件的强度及刚度问题,就必须通过试验来研究材料的力学性能,作为合理选择材料及计算的依据。

在常温、静载条件下,通过对材料进行拉伸及压缩试验,观察材料在开始受力直到破坏这一全过程中所呈现的各种现象,来认识材料的各项力学性质。

为使试验结果能互相比较,采用标准试件。拉伸试件的形状如图 4.7 所示,中间为较细的等直部分,两端加粗。在中间等直部分取长 l 的一段作为工作段,l 称为标距。对圆截面试件,标距 l 与横截面直径 d 有两种比例,$l = 10d$ 和 $l = 5d$。

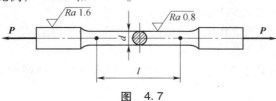

图　4.7

构件强度校核与材料选用

1. 拉伸时材料的力学性质

低碳钢是工程上常用的材料。在拉伸试验中,低碳钢表现出来的力学性质最为典型,故选择其作为拉伸试验的典型材料。

试件装上试验机后,缓慢加载。试验机的示力盘指出一系列拉力 P 的数值,对应着每一个拉力 P ,同时又可测出试件标距 l 的伸长量 Δl 。以纵坐标表示拉力 P ,横坐标表示伸长量 Δl 。根据测得的一系列数据,作图表示 P 和 Δl 的关系(见图 4.8),称为拉伸图或 P—Δl 曲线。

P—Δl 曲线与试件的尺寸有关。为了消除试件尺寸的影响,可把 P—Δl 曲线改为 σ—ε 曲线,亦即纵坐标用应力 $\sigma = \dfrac{P}{A}$ 和横坐标用应变 $\varepsilon = \dfrac{\Delta l}{l}$,其中 A 为试验前试件的横截面面积,l 为试验前的标距。这样画出的曲线(见图 4.9)称为应力—应变图或 σ—ε 曲线。从应力—应变图中可以得到一系列重要的力学性质。

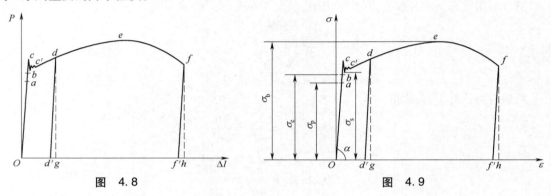

图 4.8　　　　　　　　　　　　　　　　　图 4.9

根据试验结果,低碳钢的力学性质大致如下:

①弹性阶段:在拉伸的初始阶段,σ 和 ε 的关系为直线 Oa ,这表示在这一阶段内 σ 和 ε 成正比,此直线段的斜率即材料的弹性模量 E ,即 $\tan \alpha = \dfrac{\sigma}{\varepsilon} = E$ 。直线 Oa 的最高点 a 所对应的应力,用 σ_p 来表示,称为比例极限。当应力不超过比例极限 σ_p 时,材料服从胡克定律。

超过比例极限后,从 a 点到 b 点,σ 和 ε 间的关系不再是直线。但变形仍是弹性的,即解除拉力后变形将完全消失。b 点对应的应力称为弹性极限,用 σ_e 来表示。在 σ—ε 曲线上,a、b 两点非常接近,所以工程上对弹性极限和比例极限并不严格区分。

如果超过了弹性极限,则会产生塑性变形。

②屈服阶段:当应力超过 b 点增加到某一数值时,应变有非常明显的增加,而应力先是下降,然后在很小的范围内波动,在 σ—ε 曲线上出现接近水平线的小锯齿形线段。这种现象称为屈服或流动。在屈服阶段内的最高应力和最低应力分别称为上屈服极限和下屈服极限。上屈服极限的值受变形速度及试件形状的影响较大,故常把数值比较稳定的下屈服极限称为屈服极限或流动极限,用 σ_s 表示。

表面光滑的试件在应力达到屈服极限时,表面将出现与轴线大致成 45° 倾角的条纹(见图 4.10)。因为在 45° 的斜截面上作用着数值最大的剪应力,所以这是材料沿最大剪应力作用面发生滑移的结果,这些条纹称为滑移线。

当材料屈服时,将引起显著的塑性变形。而零件的塑性变形将影响机器的正常工作,所以屈

服极限 σ_s 是衡量材料强度的重要指标。

③强化阶段:过了屈服阶段后,材料又恢复了抵抗变形的能力,要使它继续变形必须增加拉力。这种现象称为材料的强化。在图 4.9 中,强化阶段中最高点 e 所对应的应力,是试件所能承受的最大应力,称为强度极限,用 σ_b 表示。在强化阶段中试件横向尺寸明显缩小。

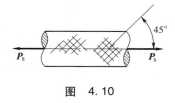

图 4.10

④颈缩阶段:过 e 点后,试件局部显著变细,并形成颈缩现象(见图 4.11)。由于在颈缩部分横截面面积迅速减小,因此使试件继续变形所需的载荷也相应减小。在 σ—ε 图中,用横截面原始面积 A 算出的应力 $\sigma = \dfrac{P}{A}$ 随之下降,降落到 f 点,试件被拉断。

因为应力到达强度极限后,试件出现颈缩现象,随后即被拉断,所以强度极限 σ_b 是衡量材料强度的另一重要指标。

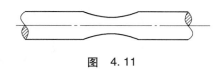

图 4.11

⑤塑性指标:试件拉断后,弹性变形消失,而塑性变形依然保留。常用来表示材料的塑性性能的指标有二:一是延伸率,用 δ 表示,即

$$\delta = \frac{l_1 - l}{l} \times 100\% \tag{4.2}$$

式中,l_1 是拉断后的标距长度。

另一塑性指标为截面收缩率,以 ψ 表示,即

$$\psi = \frac{A - A_1}{A} \times 100\% \tag{4.3}$$

式中,A_1 是拉断后断口处横截面面积。

δ 和 ψ 都表示材料直到拉断时其塑性变形所能达到的最大程度。δ、ψ 愈大,说明材料的塑性愈好。故 δ、ψ 是衡量材料塑性的两个重要指标。

工程上通常按延伸率的大小把材料分成两大类,$\delta > 5\%$ 的材料称为塑性材料,如碳钢、黄铜、铝合金等;而把 $\delta < 5\%$ 的材料称为脆性材料,如灰铸铁、玻璃、陶瓷等。

⑥卸载定律及冷作硬化:在低碳钢的拉伸试验中,如把试件拉到超过屈服极限的 d 点,然后逐渐卸除拉力,应力和应变关系将沿着斜直线 dd' 回到 d' 点。这说明材料在卸载中应力和应变按直线规律变化,这就是卸载定律。拉力完全卸除后,$d'g$ 表示消失了的弹性应变 ε_e,而 Od' 表示不再消失的塑性应变 ε_p。所以在超过弹性极限后的任一点 d,其应变包括两部分:$\varepsilon = \varepsilon_e + \varepsilon_p$。

卸载后如再重新加载,则应力和应变关系大致上沿卸载时的斜直线 dd' 变化,直到 d 点后,又沿曲线 def 变化。可见在再次加载过程中,直到 d 点以前材料的变形是弹性的,过 d 点后才开始出现塑性变形。比较图 4.9 中 $Oabcdef$ 和 $d'def$ 两条曲线,可见在第二次加载时,其比例极限得到了提高,但塑性变形和延伸率却有所降低。这种在常温下把材料预拉到塑性变形,然后卸载,当再次加载时,将使材料的比例极限提高而塑性降低的现象称为冷作硬化。当某些构件对塑性的要求不高时,可利用它来提高材料的比例极限和屈服极限,例如对起重机的钢丝采用冷拔工艺,对某些型钢采用冷轧工艺均可收到这种效果。

2. 压缩时材料的力学性质

一般金属材料的压缩试件都做成圆柱形状。为了避免将试件压弯与减少试件端面的摩擦对试验结果的影响,一般取试件的高度为直径的 1.5~3 倍。图 4.12 所示为低碳钢压缩与拉伸时的应力—应变图。试验表明:这类材料压缩时的屈服极限 σ_s 与拉伸时的接近。在屈服阶段以前,拉伸与压缩时的 σ—ε 曲线是重合的,故基本上可以认为碳钢是拉、压等强度的材料。低碳钢受压缩时,过屈服以后愈压愈扁,横截面面积不断增大,试件抗压能力也继续提高,因而得不到压缩时的强度极限。

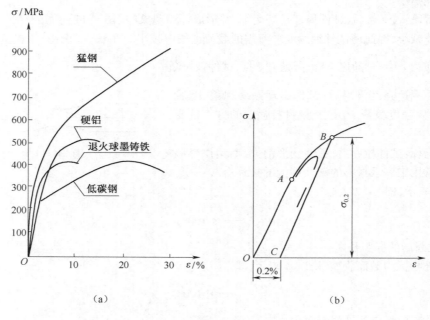

图　4.12

脆性材料在压缩时的机械性质与拉伸时有较大区别。图 4.13 是铸铁压缩时的应力—应变图,整个压缩时的图形与拉伸时相似,但压缩时的延伸率 δ 要比拉伸时的大,压缩时的强度极限 σ_{by} 约是拉伸时的 3~4 倍。一般脆性材料的抗压能力显著高于抗拉能力。

铸铁受压缩时的断口与轴线的夹角约成 45°。因为在 45° 的斜截面上作用着数值最大的剪应力,故铸铁在轴向压缩下的破坏方式看来接近剪断。

3. 材料的塑性和脆性性能讨论

通过拉伸或压缩试验中观察到的现象,比较低碳钢和铸铁的机械性质,并从中总结出塑性材料和脆性材料的某些适用场合。

①低碳钢受力后,在产生很大的塑性变形时才断裂,而铸铁在很小的变形下就会破坏。因此,低碳钢抗冲击载荷的能力较铸铁优越得多。此外,在装配时需要矫正形状的零件,采用低碳钢为宜。

②低碳钢的抗拉能力强,适用于受拉的场合;而铸铁则压缩强度远比拉伸强度高,且价格便宜,耐磨,易浇铸成型等,因此它适用于作受压构件,如机床床身、机身底座和电动机外壳等。

③低碳钢由于有屈服阶段存在,故承受静载荷时对应力集中不敏感,起到缓和作用。

脆性材料没有屈服阶段,因此对于组织均匀的脆性材料来说,当最大应力 σ_{max} 到达强度极限时,构件就会在应力集中处逐渐裂开直至拉断。对于组织不均匀的脆性材料,由于其内部常有无数细小裂缝存在,本来就有应力集中现象,因而掩盖了由外形所产生的应力集中的影响。当承受动载荷时,塑性材料和脆性材料对应力集中都会敏感,这是设计时必须考虑的。

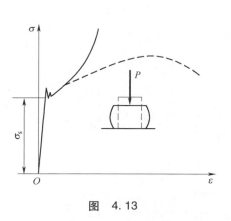

图　4.13

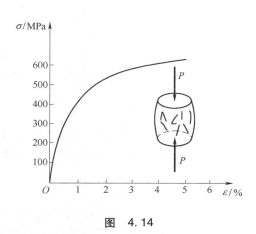

图　4.14

这里必须指出,强度和塑性这两种性质都是相对的,都会随外在的条件(如温度、变形、速度和载荷作用方式等因素)变化而转化。

第三节　拉压杆的强度计算

在进行强度计算中,为确保轴向拉伸(压缩)杆件有足够的强度,把许用应力作为杆件实际工作应力的最高限度,即要求工作应力不超过材料的许用应力。于是,强度条件为:

$$\sigma = \frac{N}{A} \leqslant [\sigma] \tag{4.4}$$

应用强度条件进行强度计算时会遇到以下三类问题。

①校核强度。已知构件横截面面积 A,材料的许用应力 $[\sigma]$ 以及所受载荷,校核式(4.4)是否满足,从而检验构件是否安全。

②设计截面。已知载荷及许用应力 $[\sigma]$,根据强度条件设计截面尺寸。

③确定许可载荷。已知截面面积 A 和许用应力 $[\sigma]$,根据强度条件确定许可载荷。

例 4.3　某冷镦机的曲柄滑块机构如图 4.15(a)所示。连杆 AB 接近水平位置时,镦压力 $P = 3.78$ MN(1 MN $= 10^6$ N)。连杆横截面为矩形,高与宽之比 $\frac{h}{b} = 1.4$[见图 4.15(b)],材料为 45 号钢,许用应力 $[\sigma] = 90$ MPa,试设计截面尺寸 b 和 h。

解　由于镦压时连杆 AB 近于水平,连杆所受压力近似等于镦压力 P,轴力 $N = P = 3.78$ MN。根据强度条件可得:

$$A \geqslant \frac{N}{[\sigma]} = \frac{3.78}{90} \times 10^6 = 42\ 000\ \text{mm}^2$$

以上运算中将力的单位换算为 N,应力的单位为 MPa 或 N/mm²,故得到的面积单位就是 mm²。

注意到连杆截面为矩形,且 $h = 1.4b$,故

$$A = bh = 1.4b^2 = 4.2 \times 10^4\ \text{mm}^2$$
$$b = 173.2\ \text{mm},\ h = 1.4\ b = 242\ \text{mm}$$

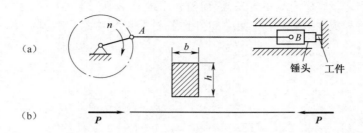

(a)

(b)

图　4.15

例4.4　某张紧器(见图4.16)工作时可能出现的最大张力 $P = 30$ kN(1 kN$= 10^3$ N)，套筒和拉杆的材料均为 A_3 钢，$[\sigma] = 160$ MPa，试校核其强度。

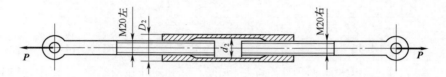

图　4.16

解　此张紧器的套筒与拉杆均受拉伸，轴力 $N = P = 30$ kN。由于截面面积有变化。必须找出最小截面 A_{min}，对拉杆，M20 螺纹内径 $d_1 = 19.29$ mm，$A = 292$ mm^2，对套筒，内径 $d_2 = 30$ mm，外径 $D_2 = 40$ mm，故 $A_2 = 550$ mm^2。

最大拉应力为

$$\sigma_{max} = \frac{N}{A_{min}} = \frac{30 \times 10^3}{292} \text{ MPa} = 102.7 \text{ MPa} < [\sigma]$$

故强度足够。

例4.5　某悬臂起重机如图 4.17(a)所示。撑杆 AB 为空心钢管，外径 105 mm，内径95 mm。钢索1和2互相平行，且钢索1可作为相当于直径 $d = 25$ mm 的圆杆计算。材料的许用应力同为 $[\sigma] = 60$ MPa，试确定起重机的许可吊重。

解　作滑轮 A 的受力图[见图 4.17(b)]，假设撑杆 AB 受压，其轴力为 N；钢索1受拉，其拉力为 T_1。选取坐标轴 x 和 y，如图 4.17(b)所示。列出平衡方程如下：

$$\sum X = 0, T_1 + T_2 + P\cos 60° - N\cos 15° = 0$$

$$\sum Y = 0, N\sin 15° - P\cos 30° = 0$$

若不计摩擦力，则钢索2的拉力 T_2 与吊重 P 相等，将 $T_2 = P$ 代入第一式，并解以上方程组，求得 N 和 T_1 为

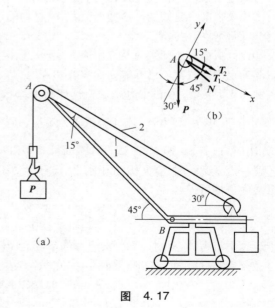

图　4.17

56

$$N = P\frac{\cos 30°}{\sin 15°} = 3.35P \qquad (a)$$

$$T_1 = N\cos 15° - P(1 + \cos 60°) = 1.74P \qquad (b)$$

所求得的 N 和 T_1 皆为正号,表示假设杆 AB 受压,钢索 1 受拉是正确的。

现在确定许可吊重。根据强度条件,撑杆 AB 的最大轴力为

$$N_{max} \leqslant [\sigma]A = 60 \times \frac{\pi}{4}(105^2 - 95^2)\,\mathrm{N}$$

$$= 94\,200\,\mathrm{N} = 94.2\,\mathrm{kN}$$

代入(a)式得相应的吊重为

$$P = \frac{N_{max}}{3.35} = \frac{94.2}{3.35}\,\mathrm{kN} = 28.1\,\mathrm{kN}$$

同理,钢索 1 允许的最大拉力为

$$T_{1max} \leqslant [\sigma]A_1 = 60 \times \frac{\pi}{4} \times 25^2 = 29\,500\,\mathrm{N} = 29.5\,\mathrm{kN}$$

代入(b)式得相应的吊重为

$$P = \frac{T_{1max}}{1.74} = \frac{29.5}{1.74} = 17\,\mathrm{kN}$$

比较以上结果,可知起重机的许可吊重应为 17 kN。

第四节　拉压杆的变形及胡克定律

胡克定律　杆件受轴向拉力时,纵向尺寸要伸长,而横向尺寸将缩短;当受轴向压力时,则纵向尺寸要缩短,而横向尺寸将增大。

设拉杆原长为 l,横截面面积为 A(见图 4.18)。在轴向拉力 P 作用下,长度由 l 变为 l_1,杆件在轴线方向的伸长为 Δl,$\Delta l = l_1 - l$。

实验表明,工程上使用的大多数材料都有一个弹性阶段,在此阶段范围内,轴向拉压杆件的伸长或缩短量 Δl,与轴力 N 和杆长 l 成正比,与横截面积 A 成反比。即引入比例常数 E 则得到:

$$\Delta l = \frac{Nl}{EA} \qquad (4.5)$$

这就是计算拉伸(或压缩)变形的公式,称为胡克定律。比例常数 E 称为材料的弹性模量,它表征材料抵抗弹性变形的性质,其数值随材料的不同而异。几种常用材料的 E 值已列入表 4.1 中。从式(4.5)可以看出,乘积 EA 越大,杆件的拉伸(或压缩)变形越小,所以 EA 称为杆件的抗拉(压)刚度。

式(4.5)可改写为

$$\frac{N}{A} = E\frac{\Delta l}{l}$$

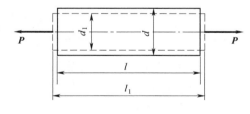

图　4.18

式中，$\dfrac{N}{A} = \sigma$，而 $\dfrac{\Delta l}{l}$ 表示杆件单位长度的伸长或缩短，称为线应变（简称应变）ε，即 $\varepsilon = \dfrac{\Delta l}{l}$。$\varepsilon$ 是一个无量纲的量，规定伸长为正，缩短为负。

则式(4.5)可改写为

$$\sigma = E\varepsilon \tag{4.6}$$

式(4.6)表示，在弹性范围内，正应力与线应变成正比。这一关系通常称为单向胡克定律。

杆件在拉伸（或压缩）时，横向也有变形。设拉杆原来的横向尺寸为 d，变形后为 d_1（见图 4.18），则横向应变 ε' 为

$$\varepsilon' = \frac{\Delta d}{d} = \frac{d_1 - d}{d}$$

实验指出，当应力不超过比例极限时，横向应变 ε' 与轴向应变 ε 之比的绝对值是一个常数，即

$$\left| \frac{\varepsilon'}{\varepsilon} \right| = \mu$$

μ 称为横向变形系数或泊松比，是一个无量纲的量。和弹性模量 E 一样，泊松比 μ 也是材料固有的弹性常数。

因为当杆件轴向伸长时，横向缩小；而轴向缩短时，横向增大，所以 ε' 和 ε 符号是相反的。几种常用材料的 E 和 μ 的约值见表 4.1。

表　4.1

材料名称	E/GPa	μ
碳钢	196～216	0.24～0.28
合金钢	186～206	0.25～0.30
灰铸铁	78.5～157	0.23～0.27
铜及其合金	72.6～128	0.31～0.42
铝合金	70	0.33

例 4.6　图 4.19 中的 M12 螺栓内径 $d = 10.1$ mm，拧紧后在计算长度 $l = 800$ mm 上产生的总伸长 $\Delta l = 0.03$ mm。钢的弹性模量 $E = 200$ GPa。试计算螺栓内的应力和螺栓的预紧力。

解　拧紧后螺栓的应变为

$$\varepsilon = \frac{\Delta l}{l} = \frac{0.03}{80} = 0.000\,375$$

根据胡克定律，可得螺栓内的拉应力为

$$\sigma = E \cdot \varepsilon = 200 \times 10^9 \times 0.000\,375 = 75 \text{ MPa}$$

螺栓的预紧力为

$$P = A \cdot \sigma = \frac{\pi}{4}(10.1 \times 10^{-3})^2 \times 75 \times 10^6$$
$$= 6 \text{ kN}$$

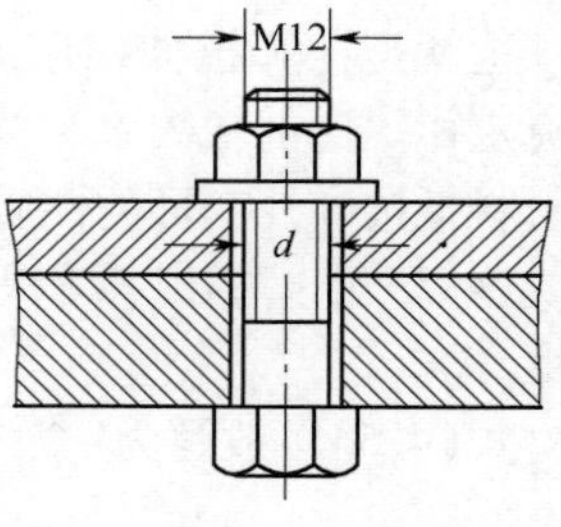

图　4.19

以上问题求解时，也可以先由式(4.5)求出预紧力 P，然后再由预紧力 P 计算应力 σ。

例4.7 图4.20(a)为一等截面钢杆,横截面面积 $A=500\ \mathrm{mm^2}$,弹性模量 $E=200\ \mathrm{GPa}$。所受轴向外力如图示,当应力未超过200 MPa时,其变形将在弹性范围内。试求钢杆的总伸长。

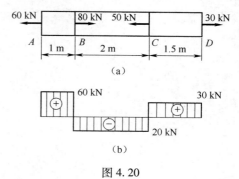

图4.20

解 应用截面法求得各段横截面上的轴力如下:

$$AB\ 段:N_1=60\ \mathrm{kN}$$

$$BC\ 段:N_2=60-80=-20\ \mathrm{kN}$$

$$CD\ 段:N_3=30\ \mathrm{kN}$$

由此可得轴力图[见图4.20(b)]。

由式(4.1)可得各段横截面上的正应力为

$$AB\ 段:\sigma_1=\frac{N_1}{A}=\frac{60\times10^3}{500\times10^{-6}}=120\ \mathrm{MPa}$$

$$BC\ 段:\sigma_2=\frac{N_2}{A}=\frac{20\times10^3}{500\times10^{-6}}=40\ \mathrm{MPa}$$

$$CD\ 段:\sigma_3=\frac{N_3}{A}=\frac{30\times10^3}{500\times10^{-6}}=60\ \mathrm{MPa}$$

由于各段内的正应力都小于200 MPa,即未超过弹性限度,所以均可应用胡克定律来计算其变形。全杆总长的改变为各段长度改变之和。由式(4.5)即得:

$$\Delta l=\Delta l_1+\Delta l_2+\Delta l_3$$

$$=\frac{1}{EA}(N_1l_1+N_2l_2+N_3l_3)$$

$$=\frac{1}{200\times10^9\times500\times10^{-6}}\times(60\times10^3\times1-20\times10^3\times2+30\times10^3\times1.5)$$

$$=0.65\times10^{-3}\ \mathrm{m}$$

所以, $\Delta l=0.65\times10^{-3}\ \mathrm{m}$。

第五章
剪切的强度
和刚度校核

事实上,剪切与扭转两种基本变形并无实质联系。之所以把二者合为一章,只是因为两种变形都产生剪应力,而二者剪应力的表达形式却大相径庭,读者在学习过程中应注意加以区别。

第一节 剪切和挤压的概念

1. 剪切的概念

工程实际中,构件在外力的作用下产生剪切变形的例子很多。如铆钉、销钉、键及螺栓等,如图 5.1 所示,可以看出,剪切变形的受力特点是:作用在零件两侧面上外力的合力大小相等、方向相反,作用线平行且距离很近。

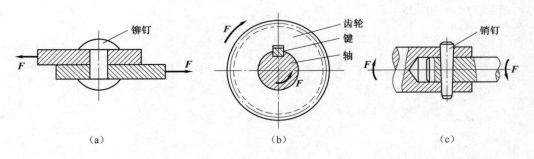

（a）　　　　　（b）　　　　　（c）

图 5.1

其变形特点是:介于两作用力之间的各截面,有沿着作用力的方向相对错动的趋势。因此,把这种变形称为剪切变形,产生相对错动的平面称为剪切面,剪切面平行于作用力的作用线,位于相邻两反力向外力作用线之间,如图 5.2 所示。

2. 挤压的概念

构件在受力剪切作用的同时往往还伴随着其他变形,主要为挤压变形。所谓挤压,是指在连接件与被连接件的接触面上发生的相互压紧的现象。挤压使两连接件的接触面发生压陷现象,即在局部范围内发生的塑性变形,称此变形为挤压变形,如图5.3所示。构件上受挤压作用的表面称为挤压面,挤压面一般垂直外力的作用线。

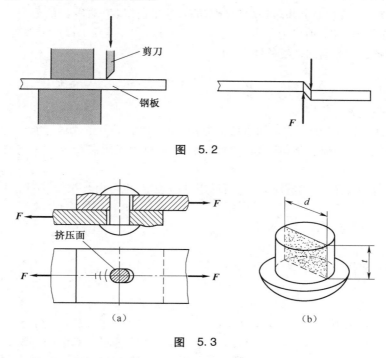

图　5.2

图　5.3

第二节　剪切和挤压的实用计算

1. 剪切的实用计算和强度条件

(1)剪切的实用计算

下面以铆钉的剪切为例,来讨论剪切的内力和应力。

在图5.4中,假想一平面 m—m 沿剪切面将铆钉切成上下两部分,保留上半部分作为研究对象,如图5.4(b)所示。截面 m—m 上的内力 F_Q 与剪切面相切,称为剪力。首先求出剪力的大小,即截面 m—m 上的内力,方法仍然用截面法。由平衡方程 $\sum F_x = 0$,不难得到:

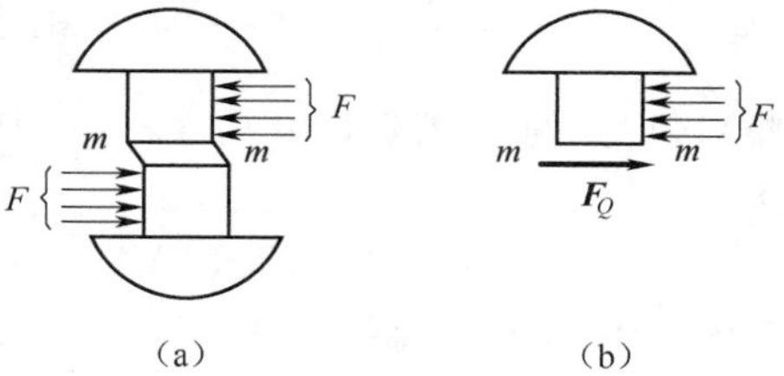

$$F_Q = F \qquad (5.1)$$

图　5.4

在实用计算中,忽略拉伸与弯曲变形的影响,认为剪切面上主要作用有剪应力 τ,并假设剪切面上的剪应力是均匀分布的。若剪切面的面积为 A,则剪应力 τ 为

$$\tau = \frac{F_Q}{A} \qquad (5.2)$$

式中　τ——剪切面上的切应力；

$\quad\quad F_Q$——剪切面上的剪力；

$\quad\quad A$——剪切面的面积。

实际上，剪应力在剪切面上并非是均匀分布的。这里由式(5.2)算出的剪力并不是剪切面上的真实应力，通常称为"名义剪应力"，并以此作为工作剪应力，得到了截面上的剪应力，便可以得出设计截面或校核已有截面的强度条件，即

$$\sigma_{r0.2} = \frac{F_{r0.2}}{S_0} \leqslant [\tau]$$

（2）剪切的强度条件

$[\tau]$为材料的许用剪应力。它可用试验的方法，使试件的受力条件尽可能地接近实际构件的受力情况，以求得试件破坏时的极限载荷，然后用式(5.2)由极限载荷求出相应的名义极限剪应力，再除以安全系数 n 来得到。

一般工程规范中规定，许用剪应力$[\tau]$可以用试验确定，也可由其拉伸许用应力$[\sigma]$按下列关系确定。

对塑性材料：$[\tau] = (0.6 \sim 0.8)[\sigma]$。

对脆性材料：$[\tau] = (0.8 \sim 1)[\sigma]$。

剪切强度条件可以解决工程实际三大类问题：

①校核剪切强度；

②求出剪切面积；

③确定剪切许可载荷。

例 5.1　如图5.5(a)所示，螺钉受拉力 $F = 50$ kN。已知其直径 $d = 20$ mm，顶头高度 $h = 12$ mm，材料的许用剪应力$[\tau] = 60$ MPa，试校核螺钉的剪切强度。若螺钉强度不够，其许用拉力$[F]$应为多大？

解　剪切面应为直径为 d，高度为 h 的圆柱侧面，如图5.5(b)所示。其面积为

$$A = \pi dh = 754 \text{ mm}^2$$

不难看出，拉伸螺钉时的拉力 F 即为螺钉头剪切面上的剪力 F_Q。根据式(5.2)得

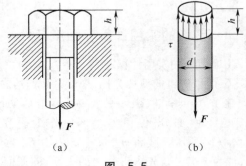

$$\tau = \frac{F_Q}{A} = \frac{F}{A} = \frac{50 \times 10^3}{754} \text{ MPa} = 66.3 \text{ MPa} > [\tau]$$

即螺钉强度不够。若保证其尺寸不变，则许用拉力应为

（a）　　　　　（b）

图　5.5

$$[F] \leqslant A[\tau] = 754 \times 60 \times 10^{-3} = 45.2 \text{ kN}$$

例 5.2　齿轮与轴用平键连接，如图5.6(a)所示。已知轴的直径 $d = 40$ mm，键的尺寸 $b \times h \times l = 12 \times 8 \times 35$，长度单位为mm，传递的力偶矩 $M = 350$ N·m，键材料的许用剪应力$[\tau] = 60$ MPa，试校核键的剪切强度。

解　假想一平面将平键沿截面 m—m 截开，以其下半部分及轴作为研究对象，如图5.6(b)所示。由于假设截面 m—m 上的剪应力均匀分布，且剪切面面积为 $A = bl$，故其上的剪力为：

$$F_Q = A\tau = bl\tau$$

对轴心列力矩方程，得

$$\sum M_O(F) = 0, M - F_Q \frac{d}{2} = 0$$

故有

$$\tau = \frac{F_Q}{A} = \frac{2M}{bld} = \frac{2 \times 350 \times 10^3}{12 \times 35 \times 40} \text{ MPa} = 41.7 \text{ MPa} < [\tau]$$

因此,平键满足剪切强度条件。

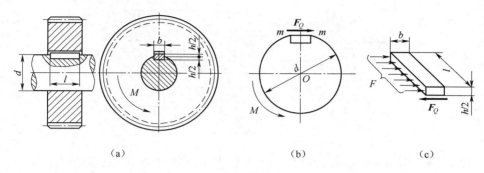

图　5.6

2. 挤压的实用计算和强度条件

(1) 挤压的实用计算

产生挤压变形的基础面称为挤压面,其面积为 A_{jy}。挤压面上的压力称为挤压力,用符号 F_{jy} 表示。由挤压力和挤压面上引起的应力称为挤压应力,由于挤压力垂直大小仍然是由实用计算法计算。所以挤压应力公式为

$$\sigma_{jy} = \frac{F_{jy}}{A_{jy}} \tag{5.3}$$

式中　σ_{jy}——挤压面上的挤压应力;

F_{jy}——挤压面上的挤压力;

A_{jy}——挤压面面积。

挤压面面积 A_{jy} 的计算,一般为两种情况:

①两物体的平面接触时,挤压面面积 A_{jy} 等于接触面面积;

②两物体为圆柱面接触时,如图5.3(b)所示,挤压面面积等于半圆柱的正投影面积,即 $A_{jy} = dt$。

(2) 挤压的强度条件

为了使零件能够正常工作, 也必须满足一定的挤压强度,挤压强度条件是

$$\sigma_{jy} = \frac{F_{jy}}{A_{jy}} \leqslant [\sigma_{jy}]$$

式中,$[\sigma_{jy}]$ 为材料的许用挤压应力,许用挤压应力 $[\sigma_{jy}]$ 可由其拉伸许用应力 $[\sigma]$ 按下列关系确定。

对塑性材料:$[\sigma_{jy}] = (1.5{\sim}2.5)[\sigma]$。

对脆性材料:$[\sigma_{jy}] = (0.9{\sim}1.5)[\sigma]$。

必须指出,如果相互挤压的材料不同,只对许用挤压应力较小的材料进行挤压强度校核计算。同理,挤压强度条件也可以解决工程实际三大类问题:

①校核挤压强度；
②求出挤压面积；
③确定挤压许可载荷。

例5.3 图 5.7 所示的截面为正方形的木榫接头,承受轴向拉力 $F = 10$ kN。已知木材的顺纹许用挤压应力$[\sigma_{bs}] = 8$ MPa,顺纹许用剪应力$[\tau] = 1$ MPa,顺纹许用拉应力$[\sigma] = 10$ MPa。试根据剪切、挤压及拉伸强度要求设计尺寸 a、b 和 l。

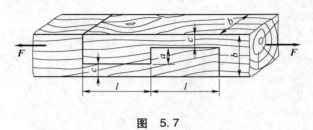

图 5.7

解

①由图 5.7 知,木榫接头的剪切面面积为 $A = bl$,且 $F_Q = F$。由剪切强度条件,得

$$A = bl \geq \frac{F_Q}{[\tau]} = \frac{10 \times 10^3}{1} = 10^4 \text{ mm}^2 \tag{a}$$

②木榫接头的挤压面面积为 $A_{bs} = ab$,由挤压强度条件,得

$$A_{bs} = ab \geq \frac{F}{[\sigma_{bs}]} = \frac{10 \times 10^3}{8} = 1\ 250 \text{ mm}^2 \tag{b}$$

③从图 5.7 中可以看出,接头最小的拉伸面积为 $A_{min} = bc = \frac{1}{2}b(b-a)$,由拉伸强度条件,得

$$A_{min} = \frac{1}{2}b(b-a) \geq \frac{F_N}{[\sigma]} = \frac{10 \times 10^3}{10} = 10^3 \text{ mm}^2 \tag{c}$$

联立式(a)、(b)、(c),可解得

$$a \geq 22 \text{ mm}, b \geq 57 \text{ mm}, c \geq 175 \text{ mm}$$

第六章
扭　转

工程实际中,对于较精密的构件,如机器中的传动轴,除了需要保证具有足够的强度,还需要对刚度有一定的要求,本章主要从圆轴扭转时的强度和刚度两方面着手,从而让学生能够更加全面地分析工程中构件的承载能力。

第一节　扭转的概念及内力计算

1. 扭转的概念

在工程机械中,轴是主要构件之一。工程实际中,经常会利用轴的转动来解决问题。例如,攻丝时的丝锥(见图 6.1),构件受到一对或者几对互为反向的力偶作用,力偶件间截面发生一定的相对转动,这种变形称为圆轴的扭转。

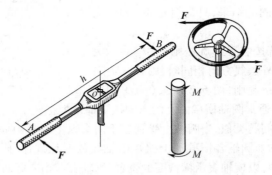

图　6.1

事实上,大部分轴类零件除扭转变形外还有弯曲等其他形式的变形,属于组合变形。关于组合变形将在后面的章节进行具体讨论。本章只对工程中最常见的,而且也是扭转形式最简单的圆形截面等直杆的扭转问题进行研究。

2. 内力的计算

一般情况下,作用于轴上的外力偶矩不是直接给出的,通常是给出轴所传递的功率和轴的转速,或给出作用于轴上的载荷。对于后者,可以将外载荷向轴线简化来得到作用于轴上的外力偶矩;而对于前者,由功率的定义可知,力偶矩在单位时间内所做的功,就是功率 P,其值可由外力偶矩 M 与轴转动的角速度 ω(单位时间内所转过的角度)的乘积得到,即

$$P = M\omega \tag{6.1}$$

令 n 为轴的转速,单位用 r/min,外力偶矩 M 的单位用 N·m,功率 P 的单位用 kW,则由式(6.1)及 $\omega = 2\pi \times \dfrac{n}{60} = \dfrac{n\pi}{30}$,可得

$$M = 9\,549\,\frac{P}{n}\ \text{N·m} \approx 9.55\,\frac{P}{n}\ \text{kN·m} \tag{6.2}$$

3. 扭矩与扭矩图

当作用在圆轴上的所有外力偶矩都求出以后,就可以用截面法确定出横截面上的内力。以图 6.2(a)所示的传动轴为例,在圆轴的两个端截面内作用一对大小相等,方向相反的外力偶矩。假想一平面 m—m 将圆轴分成两部分,并保留部分 Ⅰ 作为研究对象,如图 6.2(b)所示。由于整个圆轴是平衡的,所以部分 Ⅰ 也处于平衡状态,这就要求截面 m—m 上的内力系合成一个力偶矩 M_T,由静力学平衡方程 $\sum M_x = 0$,不难得到

$$M_T = M$$

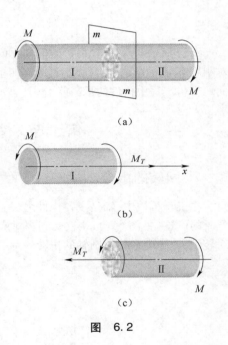

图 6.2

M_T 称为截面 m—m 上的扭矩。它是 Ⅰ、Ⅱ 两部分在截面 m—m 上相互作用的分布内力系的合力偶矩。若取部分 Ⅱ 为研究对象,可得到相同的结果,只是扭矩 M_T 的方向相反,如图 6.2(c)所示。

扭矩正、负的规定:若按右手螺旋法则把 M_T 表示为矢量,当矢量方向与截面外法线方向相同时,则 M_T 为正;反之,M_T 为负。根据这一规则,图 6.2(b)、(c)中截面 m—m 上的扭矩都为正。通常圆轴横截面上的未知扭矩都设为正。

与杆件的轴向拉、压问题类似,当圆轴上受到多于两个以上的外力偶矩作用时,其各段截面上的扭矩一般也是不相等的。圆轴各横截面上扭矩沿轴线的变化规律,同样可以用图线来表示,这种图线称为扭矩图。其中,以横轴表示横截面的位置,纵轴表示相应截面上的扭矩。关于扭矩的计算和扭矩图的画法,以如下例题来说明。

例 6.1 如图 6.3(a)所示的传动轴,主动轮 A 的输入功率 $P_A = 36$ kW,从动轮 B、C、D 输出功率分别为 $P_B = P_C = 11$ kW,$P_D = 14$ kW,轴的转速为 $n = 300$ r/min。试作传动轴的扭矩图。

解

①计算外力偶矩,由式 6.2 得

$$M_A = 9\ 549\ \frac{P_A}{n} = 9\ 549 \times \frac{36}{300} = 1\ 146\ \text{N} \cdot \text{m}$$

$$M_B = M_C = 9\ 549\ \frac{P_B}{n} = 9\ 549 \times \frac{11}{300} = 350\ \text{N} \cdot \text{m}$$

$$M_D = 9\ 549\ \frac{P_D}{n} = 9\ 549 \times \frac{14}{300} = 446\ \text{N} \cdot \text{m}$$

②用截面法计算各段轴内的扭矩。四个外力偶矩 M_B、M_C、M_A、M_D 将传动轴分为 BC、CA 和 AD 三段,先计算 BC 段内的扭矩。假想一平面将 BC 段沿横截面 1—1 切开,保留左半部分作为研究对象,并假设 1—1 截面上的扭矩 M_{T_1} 为正,如图 6.3(b) 所示。列力偶矩的平衡方程

$$\sum M_x = 0, M_{T_1} + M_B = 0$$

得
$$M_{T_1} = -M_B = -350\ \text{N} \cdot \text{m}$$

结果为负值,说明该截面上的扭矩转向与假设转向相反。

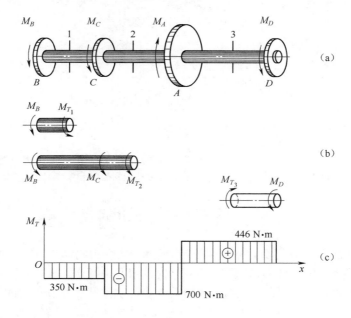

图　6.3

同理,可算得 CA 和 AD 两段内的扭矩,它们分别为

$$M_{T_2} = -(M_B + M_C) = -700\ \text{N} \cdot \text{m}, M_{T_3} = M_D = 446\ \text{N} \cdot \text{m}$$

根据以上求得的各段内的扭矩,就可作出整个传动轴的扭矩图,如图 6.3(c) 所示。从扭矩图中可以看出,最大扭矩在 CA 段内,其值为 700 N · m。

例6.2　如图 6.4(a)所示的等截面圆轴左端固定,在 A、B 两截面上分别作用有矩为 $M_A = 5$ kN · m、$M_B = 3$ kN · m 的外力偶。试作出该轴的扭矩图。

解　由于轴上作用有两个主动力偶 M_A、M_B 和固定端 C 处的一个约束力偶,这三个力偶将整个轴分为 AB 和 BC 两段。首先假想一平面 1—1 沿 AB 段内任一横截面切开,保留右段作为研究对象,并假设 1—1 截面上的扭矩为 M_{T_1},如图 6.4(b)所示。列力偶矩的平衡方程

$$\sum M_x = 0, M_{T_1} - M_A = 0$$

得
$$M_{T_1} = M_A = 5 \text{ kN} \cdot \text{m}$$

同理,再假想一平面2—2沿 BC 段内任一横截面切开,仍保留右段作为研究对象,并假设2—2截面上的扭矩为 M_{T_2},如图6.4(c)所示。列力偶矩的平衡方程,可得
$$M_{T_2} = M_A + M_B = 8 \text{ kN} \cdot \text{m}$$

根据求得的 AB 和 BC 两段内的扭矩,便可作出该圆轴的扭矩图,如图6.4(d)所示。

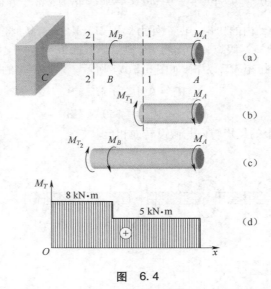

图 6.4

当然,本题也可以先利用静力平衡方程求出固定端 C 处的一个约束力偶 M_C,然后取截面的左段作为研究对象进行分析,所得的结果与上面是一致的。读者可自行验证,这里不再赘述。

第二节　纯剪切与剪切胡克定律

为说明纯剪切的概念,首先要研究剪切的变形规律,从受力物体中找出截面上只有剪应力而无正应力作用的情况。为此,先对薄壁圆筒受扭转时的情况进行分析。

取图6.5(a)所示的一等厚薄壁圆筒。受扭前其表面上用圆周线和纵向线画成方格。当其受扭变形后,从图6.5(b)中可以看出:由于截面 $m—m$ 对截面 $n—n$ 的相对转动,使方格的左右两边发生相对错动,但两对边之间的距离保持不变,圆筒的半径长度也不变。这表明在圆筒横截面上只有剪应力,而没有正应力,在包含半径的纵向截面上也没有正应力。假想一平面沿截面 $n—n$ 将薄壁圆筒切开,在横截面上,由于筒壁的厚度很小,可以认为剪应力沿壁厚均匀分布。又因为沿圆周方向各点情况相同,故沿圆周各点的应力也相同,如图6.5(c)所示。若薄壁圆筒的平均半径为 r,厚度为 t,则其横截面面积为 $2\pi rt$。于是,薄壁圆筒横截面上的内力系对 x 轴产生的力矩应为 $2\pi r^2 t\tau$。对截面 $n—n$ 以左的部分圆筒列力矩平衡方程
$$\sum M_x = 0, M - 2\pi r^2 t\tau = 0$$
得
$$\tau = M/2\pi r^2 t$$

如果用相邻的两个横截面和两个纵截面,从图6.5(a)中受扭转的薄壁圆筒上切出一个三个边长分别为 $\mathrm{d}x$、$\mathrm{d}y$ 及 t 的微六面体,如图6.5(d)所示。由于圆筒横截面上有剪应力,所以在六面体侧面 aa_1c_1c 和 bb_1d_1d 上作用有一对等值反向的剪应力 τ,于是两反向力 $\tau t\mathrm{d}y$ 形成一个力偶矩为

68

$(\tau t dy) dx$ 的顺时针转向力偶。为保持平衡,在这个六面体的 aa_1b_1b 和 cc_1d_1d 面上必然存在一对等值反向的剪应力 τ',并由两反向力 $\tau't dx$ 形成一力偶矩为 $(\tau't dx) dy$ 的逆时针转向力偶。由平衡方程 $\sum M_z = 0$,可得

$$(\tau't dx) dy = (\tau t dy) dx$$

所以

$$\tau' = \tau \tag{6.3}$$

上式表明,在相互垂直的两个平面上,剪应力必然成对存在,而且数值相等;两者都垂直于两个平面的交线,方向则共同指向或共同背离这一交线。这就是剪应力互等定理。这一定理具有普遍意义。在图6.5(d)中的微六面体的上下左右四个侧面上,只有剪应力而无正应力,这种情况称为纯剪切。

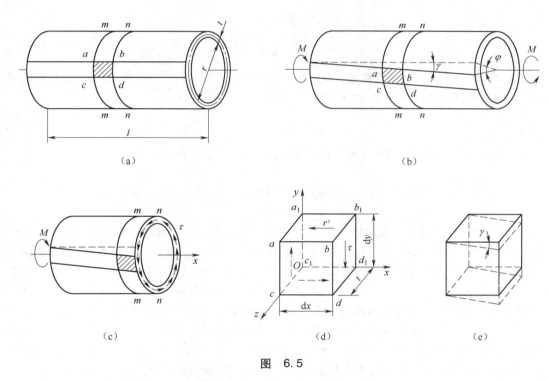

图　6.5

从以上的分析可知,受扭转的薄壁圆筒,各点都处于纯剪切状态。因此,围绕筒壁上任一点用两个横截面和两个径向截面切出的微六面体,在剪应力作用下变成了斜平行六面体,原来的直角改变了一微角 γ,如图6.5(e)所示。在这里,γ 称为剪应变。剪应变是衡量剪切变形的一个量。从图6.5(b)中可知,若 φ 为薄壁圆筒两端的相对转角,l 为圆筒的长度,则剪应变 γ 应为 $\gamma = r\varphi/l$。由薄壁圆筒的扭转试验可以找到材料在纯剪切时 τ 与 γ 之间的关系,即当外偶偶矩从零逐渐增加时,相应地各截面上的扭矩 M_T 也将从零逐渐增加,记录下对应于扭矩 M_T 每一增加瞬间的 φ 角,然后根据 $\tau = M/2\pi r^2 t$ 与 $\gamma = r\varphi/l$ 两式即可找出一系列的 τ 与 γ 的对应数值,可以画出如图6.6所示的 τ—γ 曲线,这条曲线是由低碳钢受扭转变形得出的,它与低碳钢的 σ—ε 曲线有些相似。在 τ—γ 曲线中,OA 为一直线,这表明剪应力不超过剪切比例极限 τ_p 时,剪应力 τ 与剪应变 γ 成正比。这个关系称为剪切胡克定律,即

$$\tau = G\gamma \qquad (6.4)$$

式中，G 为比例常数，称为材料的剪变弹性模量。

因为 γ 没有量纲，所以 G 的量纲与 τ 相同，常用单位是 GPa。其数值可以通过试验测得，钢材的值约为 80 GPa。G 值越大，表示材料抵抗剪切变形的能力越大。

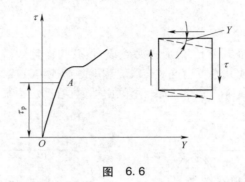

图　6.6

剪变弹性模量 G 与拉压弹性模量 E 以及泊松比 μ 都是表示材料弹性性质的常数，由实验证实，对于各向同性材料，它们之间存在如下关系

$$G = \frac{E}{2(1 + \mu)} \qquad (6.5)$$

由式(6.5)可知，这三个弹性常数中只要知道任意两个，另一个即可确定。

第三节　圆轴扭转时的应力与变形

圆轴扭转时，由截面法可求出横截面上的扭矩。如果知道剪应力在圆轴横截面上的分布规律，就能够确定分布内力系在各点的剪应力之值。但对实心圆轴来说，不能像薄壁圆筒扭转那样，认为横截面上的应力沿壁厚均匀分布。所以只利用静力学条件(即横截面上的内力组成为扭矩)不可能找到应力分布规律。因此，研究圆轴扭转时的应力属于超静定问题，要解决这一超静定问题，需从三个方面考虑。即首先由杆的变形找出应变的变化规律，也就是研究圆轴扭转时的变形几何关系。其次，由应变规律找出应力的分布规律，也就是建立应力和应变间的物理关系。最后，根据扭矩和应力之间的静力学关系，找出剪应力的计算公式。这是分析横截面上应力的一般方法。

下面从变形几何关系、物理关系和静力学关系这三个方面具体讨论圆轴扭转时的剪应力。

1. 变形几何关系

在圆轴的表面上作一系列纵向线与圆周线形成许多小方格，扭转后可观察到与薄壁圆筒相似的变形现象：各圆周线绕轴线相对地旋转了一个角度，但大小、形状和相邻两圆周线之间的距离不变。在小变形的情况下，各纵向线仍近似地是一条直线，只是倾斜了一个微小的角度。变形前圆轴表面的方格，变形后扭歪成菱形，如图 6.7(a)所示。

可以根据圆轴表面的现象由表及里地进行推理，得出关于圆轴扭转的基本假设：圆轴扭转变形前的横截面，变形后仍保持为平面，形状和大小不变，半径仍保持为直线；且相邻两截面间的距离不变。这就是圆轴扭转的平面假设。按照这一假设，可想象出，在扭转变形中，圆轴的横截面就像刚性平面一样，绕轴线发生了角度不同的转动。根据平面假设得到的应力和变形公式已为试验所证实,所以这一假设是正确的。

从圆轴中取出相距为 dx 的微段[见图 6.7(b)],由平面假设,m—m 截面相对于 n—n 截面转动了角度 $d\varphi$,半径 Oa 转到 Oa' 位置。因此,如将圆轴看成由无数薄壁圆筒组成的,则所有薄壁圆筒的扭转角 $d\varphi$ 都相同。从 dx 段圆轴中取出半径为 ρ,厚度为 $d\rho$ 的薄筒[见图 6.7(c)],此薄筒的扭转角就等于 m—m 截面相对于 n—n 截面的扭转角 $d\varphi$,其剪应变 γ_ρ 为

$$\gamma_\rho \approx \tan\gamma_\rho = \frac{ee'}{dx} = \frac{\rho d\varphi}{dx}$$

即

$$\gamma_\rho = \rho\frac{d\varphi}{dx}$$

式中,$\dfrac{d\varphi}{dx}$ 表示沿轴线方向单位长度的扭转角,对同一截面 $\dfrac{d\varphi}{dx}$ 为常量。因此,剪应变 γ_ρ 随薄筒半径 ρ 的增加而成比例地增大。即圆轴横截面上任一点的剪应变与该点到圆心的距离成正比,这就是剪应变的变化规律。

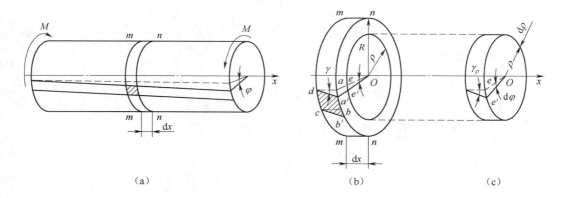

图　6.7

2. 物理关系

根据剪切胡克定律,可得到横截面上任一半径处的剪应力为

$$\tau_\rho = G\gamma_\rho = G\rho\frac{d\varphi}{dx} \tag{6.6}$$

式(6.6)表明圆轴扭转时,横截面上剪应力沿横截面的半径方向按线性规律分布。显然,在横截面中心处,即 $\rho=0$ 时,τ 为零;在圆轴表面,即 $\rho=D/2$ 时,τ 最大;在半径为 ρ 的圆周上,各点的剪应力值 τ_ρ 均相同,其方向垂直于半径 OA,剪应力在圆轴横截面上的分布规律如图 6.8(a)所示。

3. 静力学关系

在式(6.6)中只给出了剪应力的分布规律,还不能用它计算横截面上任一点处的应力数值,因为其中单位长度的扭转角 $\dfrac{d\varphi}{dx}$ 为未知量。因此,需要利用静力学关系来找出 $\dfrac{d\varphi}{dx}$ 与扭矩 M_r 之间的关系。

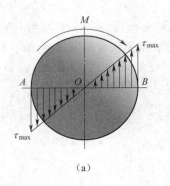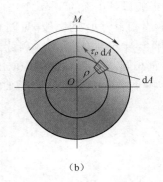

（a）   （b）

图 6.8

如图 6.8(b)所示的圆轴横截面,设在距圆心为 ρ 处取一微面积 $\mathrm{d}A$,其上微内力 $\tau_\rho \mathrm{d}A$,对 x 轴的力矩为 $\rho\tau_\rho \mathrm{d}A$。将所有微内力矩求和,即得截面上的扭矩

$$M_\mathrm{T} = \int_A \rho\tau_\rho \mathrm{d}A$$

式中,积分对整个圆形截面进行。将式(6.6)代入上式,并注意到当在某一给定的横截面上积分时,$\dfrac{\mathrm{d}\varphi}{\mathrm{d}x}$ 也是常量,于是

$$M_\mathrm{T} = \int_A \rho G\rho \frac{\mathrm{d}\varphi}{\mathrm{d}x}\mathrm{d}A = G\frac{\mathrm{d}\varphi}{\mathrm{d}x}\cdot\int_A \rho^2 \mathrm{d}A$$

式中,$\int_A \rho^2 \mathrm{d}A$ 是与圆截面有关的一个几何量,用 I_p 表示,即

$$I_\mathrm{p} = \int_A \rho^2 \mathrm{d}A$$

I_p 称为圆截面对点 O 的极惯性矩,其单位为米^4(m^4)。于是前式可写成为

$$M_\mathrm{T} = G\frac{\mathrm{d}\varphi}{\mathrm{d}x}I_\mathrm{p}$$

由此可得单位长度扭转角为

$$\frac{\mathrm{d}\varphi}{\mathrm{d}x} = \frac{M_\mathrm{T}}{GI_\mathrm{p}} \tag{6.7}$$

式中,$\dfrac{\mathrm{d}\varphi}{\mathrm{d}x}$ 的单位为弧度/米(rad/m)。将式(6.7)代入式(6.6)得到圆轴扭转时横截面上任一点的剪应力公式:

$$\tau_\rho = \frac{M_\mathrm{T}\rho}{I_\mathrm{p}} \tag{6.8}$$

截面上的最大剪应力发生在圆轴横截面的周边上,即当 $\rho = D/2$ 时,最大值为

$$\tau_{\max} = \frac{M_\mathrm{T}\dfrac{D}{2}}{I_\mathrm{p}} = \frac{M_\mathrm{T}}{I_\mathrm{p}\Big/\dfrac{D}{2}}$$

式中,直径 D 与极惯性矩 I_p 都与截面的几何尺寸有关。引入符号 W_p,使

$$W_{\mathrm{p}} = I_{\mathrm{p}} \Big/ \frac{D}{2}$$

于是

$$\tau_{\max} = \frac{M_{\mathrm{T}}}{W_{\mathrm{p}}} \tag{6.9}$$

式中，W_{p} 称为抗扭截面模量，单位为米^3（m^3）。

下面计算实心圆轴与空心圆轴截面的极惯性矩 I_{p} 及抗扭截面模量 W_{p}。

在圆轴横截面上距圆心 O 为 ρ 处，按极坐标取一微面积 $\mathrm{d}A = \rho\mathrm{d}\theta\mathrm{d}\rho$，如图 6.9 所示。对于实心圆轴截面，其极惯性矩 I_{p} 与抗扭截面模量 W_{p} 分别为

$$I_{\mathrm{p}} = \int_A \rho^2 \mathrm{d}A = \int_0^{2\pi} \int_0^{\frac{D}{2}} \rho^3 \mathrm{d}\rho\mathrm{d}\theta = \frac{\pi D^4}{32} \tag{6.10}$$

$$W_{\mathrm{p}} = I_{\mathrm{p}} \Big/ \frac{D}{2} = \frac{\pi D^3}{16} \tag{6.11}$$

式中，D 为圆轴横截面的直径。

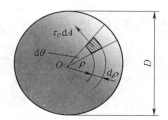 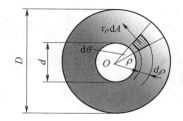

图　6.9

对于空心圆轴截面，其极惯性矩 I_{p} 与抗扭截面模量 W_{p} 分别为

$$I_{\mathrm{p}} = \int_A \rho^2 \mathrm{d}A = \int_0^{2\pi} \int_{\frac{d}{2}}^{\frac{D}{2}} \rho^3 \mathrm{d}\rho\mathrm{d}\theta = \frac{\pi}{32}(D^4 - d^4) = \frac{\pi D^4}{32}(1 - \alpha^4) \tag{6.12}$$

$$W_{\mathrm{p}} = I_{\mathrm{p}} \Big/ \frac{D}{2} = \frac{\pi D^3}{16}(1 - \alpha^4) \tag{6.13}$$

式中，$\alpha = \dfrac{d}{D}$，D 和 d 分别为空心圆轴截面的外直径与内直径。

4. 变形计算

扭转变形的标志是两个横截面间绕轴线的相对扭转角。故由式（6.7）可知，相距为 $\mathrm{d}x$ 微段两个截面间的相对扭转角为

$$\mathrm{d}\varphi = \frac{M_{\mathrm{T}}}{GI_{\mathrm{p}}}\mathrm{d}x$$

对上式沿 x 轴积分，即可得到相距为 l 的两个截面间的相对扭转角为

$$\varphi = \int_l \mathrm{d}\varphi = \int_0^l \frac{M_{\mathrm{T}}}{GI_{\mathrm{p}}}\mathrm{d}x \tag{6.14}$$

若相距为 l 的两个截面间 M_{T}、G、I_{p} 为常数，则此两个截面间的相对扭转角为

$$\varphi = \frac{M_{\mathrm{T}} l}{GI_{\mathrm{p}}} \tag{6.15}$$

在同样的扭矩 M_{T} 下,式中分母 GI_{p} 愈大,相对扭转角 φ 将愈小,所以 GI_{p} 称为圆轴的抗扭刚度,φ 的单位为弧度。

若相距为 l 的两个截面间的 M_{T} 值发生变化,或 I_{p} 值发生变化,则应分段计算各段的相对扭转角,然后相加,得到

$$\varphi = \sum_{i=1}^{n} \frac{M_{\mathrm{T}i} l_i}{GI_{\mathrm{p}i}} \tag{6.16}$$

在式(6.16)中,为消除轴的长度 l 对扭转角的影响,用 θ 表示单位长度的扭转角,即

$$\theta = \frac{M_{\mathrm{T}}}{GI_{\mathrm{p}}} \tag{6.17}$$

式中,θ 的单位为弧度/米(rad/m)。

以上就实心圆轴扭转推导出的应力及变形公式对空心圆轴也是适用的,而这些公式只在弹性范围内才适用。即 $\tau_{\max}$ 不超出材料的剪切比例极限 τ_{p} 的情况适用。

第四节　圆轴扭转时的强度与刚度条件

为了保证圆轴受扭转时能够正常工作,必须限制圆轴内横截面上的最大剪应力不超过材料的许用剪应力 $[\tau]$,即

$$\tau_{\max} = \frac{M_{\mathrm{T}\max}}{W_{\mathrm{p}}} \leqslant [\tau] \tag{6.18}$$

对于等截面圆轴,最大剪应力 $\tau_{\max}$ 发生在 $M_{\mathrm{T}\max}$ 所在的截面的边缘上,对于变截面圆轴(如阶梯轴),由于 W_{p} 不是常量,则 $\tau_{\max}$ 不一定发生在 $M_{\mathrm{T}\max}$ 所在的截面上。因此,这时应综合考虑扭矩与抗扭截面模量 W_{p} 两者的变化情况来确定 $\tau_{\max}$。式中的 $[\tau]$ 可以根据静载荷下薄壁圆筒扭转试验来确定。许用剪应力 $[\tau]$ 与许用拉应力 $[\sigma]$ 之间的关系

对塑性材料

$$[\tau] = (0.5 \sim 0.6)[\sigma]$$

对脆性材料

$$[\tau] = (0.8 \sim 1.0)[\sigma]$$

对于轴类构件,由于考虑到动载荷及其他原因,所取许用剪应力一般比静载荷下的许用剪应力要低。

工程实际中,为了能正常工作,一些轴除了满足强度条件以外,还需要对其变形(即单位长度的扭转角 θ)加以限制,亦即还要满足刚度条件。为了确保轴的刚度,通常规定单位长度扭转角的最大值 $\theta_{\max}$ 也应不超过规定的许用扭转角 $[\theta]$。因此,扭转变形的刚度条件为

$$\theta = \frac{M_{\mathrm{T}\max}}{GI_{\mathrm{p}}} \leqslant [\theta] (\mathrm{rad/m}) \tag{6.19}$$

或

$$\theta = \frac{M_{\mathrm{T}\max}}{GI_{\mathrm{p}}} \times \frac{180}{\pi} \leqslant [\theta] (°/\mathrm{m}) \tag{6.20}$$

式中,$[\theta]$ 的值按照对机器的要求和轴的工作环境来确定,可从相关手册中查到。例如,对精密机

器的轴,$[\theta] = (0.25 \sim 0.50)$ °/m;对一般传动轴,$[\theta] = (0.5 \sim 1.0)$ °/m;对精度要求稍低的传动轴,$[\theta] = (1.0 \sim 2.5)$ °/m。

例 6.3　钢质实心圆轴两端受到矩为 $M = 20$ kN·m 的力偶作用,若材料的许用剪应为 $[\tau] = 50$ MPa,单位长度的许用扭转角为 $[\theta] = 0.3$ °/m,材料的剪变弹性模量 $G = 80$ GPa。试设计该圆轴的直径。

解　由于只在圆轴的两端作用力偶 M,所以该轴的扭矩 $M_T = M = 20$ kN·m,故由强度条件式(6.18)及式(6.13)得

$$D \geqslant \sqrt[3]{\frac{16M}{\pi[\tau]}} = \sqrt[3]{\frac{16 \times 20 \times 10^3 \times 10^3}{\pi \times 50}} = 127 \text{ mm}$$

再由刚度条件式(6.13)及式(6.19)得

$$D \geqslant \sqrt[4]{\frac{32 \times 180M}{G\pi^2[\theta]}} = \sqrt[4]{\frac{32 \times 180 \times 20 \times 10^3 \times 10^3}{80 \times \pi^2 \times 0.3}} = 149 \text{ mm}$$

从设计角度考虑,D 应为两个结果中较大的值,最后取该轴的直径为 150 mm。

例 6.4　一端固定的空心圆轴如图 6.10(a)所示。已知轴的外径 $D = 100$ mm,内径 $d = 80$ mm,$l = 500$ mm,$M_1 = 6$ kN·m,$M_2 = 4$ kN·m,材料的剪变弹性模量 $G = 80$ GPa,$[\tau] = 40$ MPa,$[\theta] = 0.5$ °/m。试校核该轴的强度与刚度,并计算截面 C 对固定端截面 A 的相对扭转角。

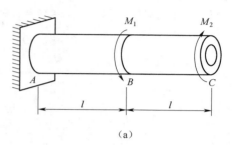

(a)

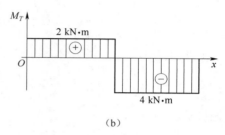

(b)

图　6.10

解

①由题意,不难求出 AB 与 BC 两段的扭矩,其中 AB 段的扭矩为 $M_{T1} = 2$ kN·m,BC 段的扭矩为 $M_{T2} = -4$ kN·m。圆轴的扭矩图如图 6.11(b)所示。可见,最大扭矩发生在 BC 段内,即 $M_{T\max} = |M_{T2}| = 4$ kN·m。因此,由扭转的强度条件,得

$$\tau_{\max} = \frac{M_{T\max}}{W_p} = \frac{4 \times 10^3 \times 10^3}{\dfrac{\pi}{16} \times 100^3 \times \left(1 - \left(\dfrac{80}{100}\right)^4\right)}$$

$$= 34.5 \text{ MPa} < [\tau]$$

即圆轴满足强度条件。

再由扭转的刚度条件,得

$$\theta_{\max} = \frac{M_{T\max}}{GI_p} \times \frac{180}{\pi} = \frac{4 \times 10^3 \times 10^3}{80 \times \dfrac{\pi}{32} \times 100^4 \left[1 - \left(\dfrac{80}{100}\right)^4\right]} \times \frac{180}{\pi} = 0.494°/\text{m} < [\theta]$$

可见它也满足刚度条件。

②求相对扭转角 φ_{CA} 由于扭矩 M_T 沿 x 轴发生变化,故应按式(6.14)来计算 φ_{CA},即

$$\varphi_{CA} = \varphi_{CB} + \varphi_{BA} = \left(\frac{M_{T2}l}{GI_p} + \frac{M_{T1}l}{GI_p}\right) \times \frac{180}{\pi} = \frac{(M_{T2} + M_{T1})\,l}{GI_p} \times \frac{180}{\pi}$$

$$= \frac{(-4 + 2) \times 10^3 \times 500}{80 \times \dfrac{\pi}{32} \times 100^4 \left[1 - \left(\dfrac{80}{100}\right)^4\right]} \times \frac{180}{\pi} = -0.124°$$

式中,φ_{CB} 与 φ_{BA} 的符号与各段扭矩的符号相同,即 φ 为正表示相邻两截面间的相对转向为逆时针方向,φ 为负则表示为顺时针方向。

例 6.5 汽车的传动主轴用 40 号钢的电焊钢管制成,钢管外直径 $D = 76$ mm,壁厚 $t = 2.5$ mm,轴传递的转矩 $M = 1.98$ kN·m,材料的许用剪应力 $[\tau] = 100$ MPa,剪变弹性模量 $G = 80$ GPa,轴的许可扭转角 $[\theta] = 2$ °/m。试校核轴的强度和刚度。

解 由题意可知,扭矩 $M_{Tmax} = M = 1.98$ kN·m,轴的内、外直径之比为

$$\alpha = \frac{d}{D} = \frac{D - 2t}{D} = \frac{76 - 2 \times 2.5}{76} = 0.935$$

由式(6.12)得

$$I_p = \frac{\pi D^4}{32}(1 - \alpha^4) = \frac{76^4 \pi}{32}(1 - 0.935^4) = 7.72 \times 10^5 \text{ mm}^4$$

$$W_p = I_p \bigg/ \frac{D}{2} = 7.72 \times 10^5 \bigg/ \frac{76}{2} = 2.03 \times 10^4 \text{ mm}^3$$

由强度条件,得

$$\tau_{max} = \frac{M_{Tmax}}{W_p} = \frac{1.98 \times 10^3 \times 10^3}{2.03 \times 10^4} = 97.5 \text{ MPa} < [\tau]$$

由刚度条件,得

$$\theta_{max} = \frac{M_{Tmax}}{GI_p} \times \frac{180}{\pi} = \frac{1.98 \times 10^3 \times 10^3}{80 \times 7.72 \times 10^5} \times \frac{180}{\pi} = 1.84 \text{ °/m} < [\theta]$$

故此轴的强度和刚度都满足要求。

如果将本例的空心轴改为同一材料直径为 d 的实心轴,仍然使 $\tau_{max} = 97.5$ MPa,则

$$\tau_{max} = \frac{M_{Tmax}}{W_p} = \frac{1.98 \times 10^3 \times 10^3}{\frac{\pi}{16}d^3} = 97.5 \text{ MPa}$$

由上式得实心轴的直径 $d = 46.9$ mm。
其截面面积为

$$A_{实} = \frac{\pi \times 46.9^2}{4} = 1\,728 \text{ mm}^2$$

而空心轴的截面面积为

$$A_{空} = \frac{\pi \times [76^2 - (76 - 2 \times 2.5)^2]}{4} = 577 \text{ mm}^2$$

可见,实心轴的截面面积约为空心轴的 3 倍。也就是说,使用空心轴比使用实心轴可以节省 2/3 的材料。从图 6.11 所示的应力分布图可以看出:对于实心截面,当边缘处剪应力达到许可值时,靠近圆心处的剪应力值很小。这部分材料就没有充分发挥作用。若把圆心部分的材料向外移,作成空心轴,这部分材料就能承受较大的压力,也明显地增大了截面的极惯性矩 I_p。这样,自然也就提高了轴的刚度。反之,如保持轴的刚度不变,亦即保持横截面的极惯性矩 I_p 不变,空心轴则可以减轻轴的质量,节约材料。所以,飞机、轮船、汽车等运输机械的一些轴,常采用空心轴以减轻轴

的质量。但对一些直径较小的长轴,如加工成空心轴,因加工工艺比较复杂,反而会增加成本,并不经济。另外,有些轴轴壁太薄时还会因扭转而丧失稳定性,所以,在设计时要综合考虑。

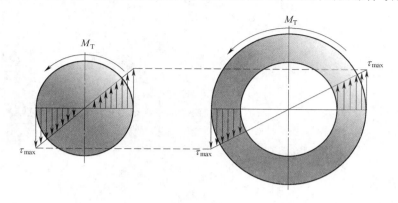

图　6.11

第七章 弯曲

直杆在垂直于其轴线的外力或位于其轴线所在平面内的外力偶作用下,杆的轴线将由直线变成曲线,这种变形称为弯曲。承受弯曲变形为主的杆件通常称为梁。在工程实际中,承受弯曲的杆件很多。例如有自重并承受被吊重物的重力作用的吊车梁,图7.1(a)可以简化为两端铰支的简支梁[见图7.1(b)],高大的塔式容器受到水平方向风载荷的作用[见图7.2(a)],可以简化成一端固定的悬臂梁[见图7.2(b)],机车轴受到一对集中力作用[见图7.3(a)],可以简化为一个外伸梁[见图7.3(b)],夹在卡盘上的被车削工件[见图7.4(a)]也可以简化为一悬臂梁[见图7.4(b)]等。

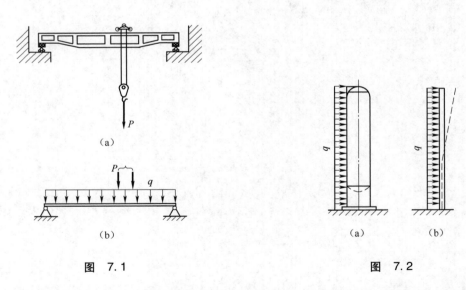

图 7.1   图 7.2

上述简支梁、悬臂梁及外伸梁都可以用平面力系的三个平衡方程来求出其三个未知反力,因此又统称为静定梁。

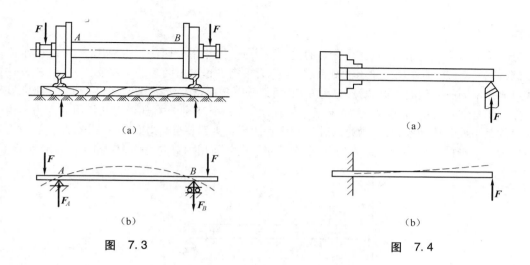

图　7.3　　　　　　　　　　　　　图　7.4

第一节　平面弯曲的内力及内力图

1. 平面弯曲的概念

　　装有齿轮等的轴类零件,造纸机上的压榨辊以及许多结构、设备中的骨架,机床的床身,房梁,桥梁等也都是常见梁的实例,它们在工作时都要产生弯曲变形。当所有外力(包括力偶)都作用在梁的某一平面内时,梁弯曲后的轴线也与外力在同一平面内,这种弯曲称为平面弯曲。

　　通常梁的横截面往往都具有对称轴,如图 7.5(a)所示。各横截面的对称轴组成梁的纵向(沿其轴线方向)对称面,而外力亦作用于该纵向对称平面之内,如图 7.5(b)所示。变形后梁的轴线仍为对称平面内的一条平面曲线,这样的弯曲称为对称弯曲。对称弯曲是一种平面弯曲,它是弯曲变形中最基本、最常见的情况。本章只研究直梁在平面弯曲时的内力,应力与强度计算。

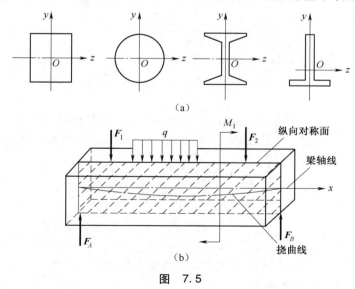

图　7.5

2. 内力分析

分析梁的应力及变形,首先需计算梁的内力。为此,仍然用截面法。现以图7.6(a)所示简支梁为例,F_1、F_2 和 F_3 为作用于梁上的载荷,先由静力平衡方程求出两端的支座反力 F_A 和 F_B。按截面法可假想沿 m—m 截面把梁截开,分为左、右两部分。现保留左段,如图7.6(b)所示,研究其平衡。作用于左部分上的力,除外力 F_A 和 F_1 外,在截面 m—m 上还有右部分对其作用的内力。由于所讨论的是平面弯曲问题,且外力是与轴线相垂直的平行力系,所以作用于 m—m 截面上的内力只能简化为一个与横截面平行的力 F_S 及一个作用面与横截面相垂直的力偶 M,如图7.6(b)所示。

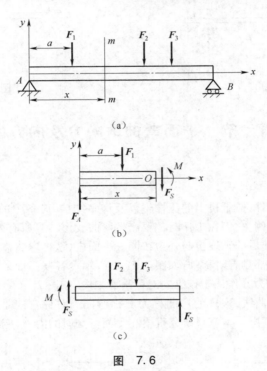

图 7.6

根据平衡方程,$\sum F_y = 0$,得

$$F_A - F_1 - F_S = 0$$
$$F_S = F_A - F_1$$

称 F_S 为横截面 m—m 上的剪力。它有使梁沿横截面 m—m 被剪断的趋势,它是与横截面相切的分布内力系的合力。若把左段上的所有外力和内力对截面 m—m 的形心 O 取矩,其力矩总和应等于零。

由 $\sum M_O = 0$,得

$$M + F_1(x - a) - F_A x = 0$$
$$M = F_A x - F_1(x - a)$$

M 称为横截面 m—m 上的弯矩,它有使梁的横截面 m—m 产生转动而使梁弯曲的趋势,它是与横截面垂直的分布内力系的合力偶矩。剪力 F_S 和弯矩 M 同为梁横截面上的内力。上面的讨论表明,它们都可由梁段的平衡方程来确定。

如以右段为研究对象[见图 7.6(c)],用相同的方法也可求得截面上 $m—m$ 的 F_S 和 M。剪力 F_S 和弯矩 M 是左段与右段在截面 $m—m$ 上相互作用的内力。因此,作用于左、右两段上的剪力 F_S 和弯矩 M 的大小相等,方向相反。从以上计算过程可知:梁的任一横截面上的剪力 F_S,其数值等于该截面任一侧所有外力的代数和;梁的任一横截面上的弯矩 M,其数值等于该截面任一侧所有外力对该截面形心取力矩的代数和。计算剪力 F_S 和弯矩 M 时应注意其正负号规定。为使保留不同段进行内力计算所得剪力和弯矩不仅大小相等,而且符号也能相同,剪力、弯矩的正负号不能按其方向来规定,必须根据其相应的变形来确定。

剪力的正、负号规定为:凡使一段梁发生左侧截面向上、右侧截面向下相对错动的剪力为正 [见图 7.7(a)];反之,为负[见图 7.7(b)]。亦可规定为:凡作用在截面左侧向上的外力或作用在截面右侧向下的外力,将使该截面产生正的剪力。简单概括为"左上或右下,剪力为正";反之,为负。

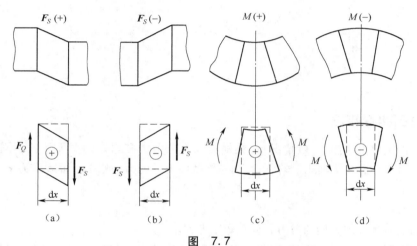

图　7.7

弯矩的正、负号规定为:当弯矩使微段凸下方时为正[见图 7.7(c)];反之,为负[见图 7.7(d)]。但计算时为了方便也可规定为:凡作用在微段梁截面左侧的外力及外力偶对截面形心的矩为顺时针转向,或作用在截面右侧的外力及外力偶对截面形心的矩为逆时针转向,将使该截面产生正的弯矩。简单概括为"左顺或右逆,弯矩为正";反之,为负。

因此,可直接根据作用在截面任一侧的外力大小和方向,求出该截面的剪力和弯矩的数值和正负。

例 7.1　求图 7.8 所示简支梁 1—1 与 2—2 截面的剪力和弯矩。

解

①求支反力:

由平衡方程

$$\sum M_B = 0, \quad -F_A \times 6 + 8 \times 4.5 + (12 \times 3) \times 1.5 = 0, 得 F_A = 15 \text{ kN}$$

$$\sum M_A = 0, \quad F_B \times 6 - 8 \times 1.5 - (12 \times 3) \times 4.5 = 0, 得 F_B = 29 \text{ kN}$$

②求 1—1 截面上的剪力 F_{S_1}、弯矩 M_1,根据 1—1 截面左侧的外力来计算,可得

$$F_{S_1} = F_A - P = 7 \text{ kN}$$

$$M_1 = F_A \times 2 - P(2 - 1.5) = 26 \text{ kN} \cdot \text{m}$$

同样也可以从 1—1 截面右侧的外力来计算,可得

$$F_{S_1} = (q \times 3) - F_B = 7 \text{ kN}$$

$$M_1 = - (q \times 3) \times 2.5 + F_B \times 4 = 26 \text{ kN} \cdot \text{m}$$

可见,计算所得结果完全相同。

③求 2—2 截面上的剪力 F_{S_2}、弯矩 M_2,根据 2—2 截面右侧的外力来计算,可得

$$F_{S_2} = (q \times 1.5) - F_B = - 11 \text{ kN}$$

$$M_2 = - (q \times 1.5) \times \frac{1.5}{2} + F_B \times 1.5 = 30 \text{ kN} \cdot \text{m}$$

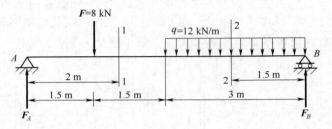

图 7.8

3. 剪力图和弯矩图

从上面的讨论可以看出,一般情况下,梁横截面上的剪力和弯矩随截面位置不同而变化。若以横坐标 x 表示横截面在梁轴线上的位置,则各横截面上的剪力和弯矩皆可表示为 x 的函数,即

$$F_S = F_S(x)$$

$$M = M(x)$$

上面的函数表达式即为梁的剪力方程和弯矩方程。

与绘制轴力图或扭矩图一样,也用图线表示梁的各横截面上弯矩 M 和剪力 F_S 沿轴线变化的情况。绘图时以平行于梁轴的横坐标 x 表示横截面的位置,以纵坐标表示相应截面上的剪力 F_S 或弯矩 M。这种图线分别称为剪力图和弯矩图。下面用例题说明列出剪力方程和弯矩方程以及绘制剪力图和弯矩图的方法。

例 7.2 图 7.9(a)所示简支梁 AB,在 C 点作用一集中力 F。试列出其剪力方程和弯矩方程,并作剪力图和弯矩图。

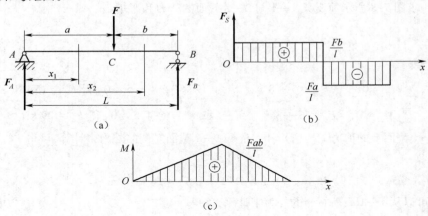

图 7.9

解

①由静力平衡方程求支反力。

$$\sum M_B = 0 \qquad Fb - F_A l = 0$$

$$\sum M_A = 0 \qquad F_B l - Fa = 0$$

可得

$$F_A = \frac{Fb}{l}, F_B = \frac{Fa}{l}$$

②列剪力方程和弯矩方程。以梁的左端为坐标原点,选取坐标系如图7.9(a)所示。集中力 F 作用于 C 点,梁在 AC 和 CB 两段内的剪力或弯矩不能用同一方程式来表示,应分段考虑。

AC 段:取距 A 点为 x_1 的任意截面,如图7.9(a)所示,由截面左侧的外力写出剪力与弯矩方程。

$$F_S(x_1) = F_A = \frac{Fb}{l} \qquad (0 < x_1 < a)$$

$$M(x_1) = F_A x_1 = \frac{Fb}{l} x_1 \qquad (0 \leqslant x_1 \leqslant a)$$

CB 段:取坐标为 x_2 的任意截面,如图7.9(a)所示,由截面左侧的外力写出剪力与弯矩方程。

$$F_S(x_2) = F_A - F = \frac{Fb}{l} - F = \frac{Fa}{l} \qquad (a < x_2 < l)$$

$$M(x_2) = F_A x_2 - F(x_2 - a) = \frac{Fb}{l} x_2 \qquad (a \leqslant x_2 \leqslant l)$$

③绘 F_S、M 图,根据①、②各式绘制 F_S、M 图,如图7.9(b)和图7.9(c)所示。

在 AC 段内,图是在 x 轴上方且平行于 x 轴的直线;在 CB 段内,F_S 图是在 x 轴下方且平行于 x 轴的直线,如图7.9(c)所示。在集中力作用点,剪力图发生突变,其突变值即为集中力 F 的大小。

两段梁上的 M 图均为斜直线。因此可分别定出两点坐标后便可作出 M 图。

由图可见,如果 $b > a$,则最大剪力将发生在 AC 段梁的横截面上,最大弯矩发生在集中力 F 作用的 C 截面上。其值分别为 $F_S|_{max} = \frac{Fb}{L}$,$M = \frac{Fab}{L}$。

例7.3　某填料塔塔盘下的支承梁,在物料重量作用下,可以简化为一承受均布载荷的简支梁[见图7.10(a)]。如果已知梁所受均布载荷的集度为 q,跨长为 L,求作梁的剪力图和弯矩图。

解

①求支反力:由平衡方程可求得支座反力为

$$F_A = F_B = \frac{ql}{2}$$

方向如图7.10(a)所示。

②列剪力方程和弯矩方程:

$$F_S(x) = \frac{ql}{2} - qx \qquad (0 < x < L) \qquad (a)$$

$$M(x) = \frac{ql}{2}x - \frac{qx^2}{2} \qquad (0 \leqslant x \leqslant L) \qquad (b)$$

③绘 F_S、M 图:剪力图为一斜直线,只需确定其两端点的坐标,即 $x = 0$ 处,$F_S = \frac{q}{2}$;$x = L$ 处,

$F_S = \dfrac{ql}{2}$ 。

连接此两个坐标点便得 F_S ,如图 7.10(b) 所示。式(b) 表示弯矩图是一抛物线。

按方程作图时需确定曲线上的几个点,对应弯矩值为

$x = 0$, $\qquad\qquad M(0) = 0$

$x = l/4$ 或 $3l/4$, $\qquad M(l/4) = M(3l/4) = \dfrac{3ql^2}{32}$

$x = l/2$, $\qquad\qquad M(l/2) = \dfrac{ql^2}{8}$

$x = l$, $\qquad\qquad M(l) = 0$

最后得弯矩图如图 7.10(c) 所示。

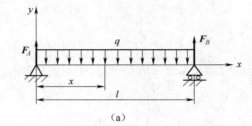

(a)

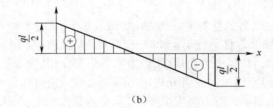

(b)

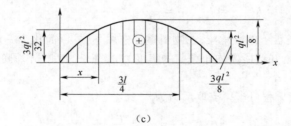

(c)

图 7.10

例 7.4 试求塔在水平方向风载荷作用下的最大剪力和最大弯矩[见图 7.11(a)]。已知塔高为 $h(h < 10 \text{ m})$ 。假定风载荷沿塔高均匀分布,载荷集度为 $q\left(\dfrac{N}{m}\right)$ 。

解 已知塔可简化为一悬臂梁[见图 7.11(b)],求悬臂梁的内力,可不必先求支反力。只要取梁的自由端为坐标原点,距自由端为 x 的任一横截面,列出剪力方程和弯矩方程为

$$F_S = qx \qquad\qquad (0 \leqslant x < h) \qquad\qquad\text{(a)}$$

$$M = -qx \cdot \dfrac{x}{2} = -\dfrac{qx^2}{2} \qquad (0 \leqslant x < h) \qquad\qquad\text{(b)}$$

由以上两式可知,剪力图是一斜直线[见图7.11(c)],弯矩图是一抛物线[见图7.11(d)]。当 $x = h$(在固定端截面处)时,最大剪力和最大弯矩分别为

$$F_{S\max} = qh$$

$$|M|_{\max} = \left| -\frac{1}{2}qh^2 \right|$$

如果已知 $q = 480 \text{ N/m}$, $h = 8 \text{ m}$,则

$$F_{S\max} = 480 \times 8 \text{ N} = 3.84 \text{ kN}$$

$$M_{\max} = \left(-\frac{1}{2} \times 480 \times 8 \right)^2 \text{ N} \cdot \text{m} = -15.36 \text{ kN} \cdot \text{m}$$

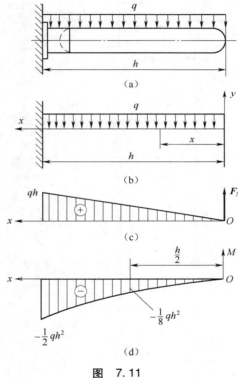

(a)

(b)

(c)

(d)

图　7.11

例7.5　图7.12(a)所示简支梁 AB ,在 C 点作用一集中力偶 M ,求作梁的剪力图与弯矩。

解

①由静力平衡方程求出支反力为

$$F_A = \frac{M_e}{l}(\text{方向向上})$$

$$F_B = \frac{M_e}{l}(\text{方向向下})$$

②列剪力方程和弯矩方程:

$$F_S(x) = F_A = \frac{M_e}{l} \qquad (0 < x < l) \qquad\qquad (a)$$

由于力偶在任何方向的投影皆等于零,所以无论在梁的哪一个横截面上,剪力总是等于支反力 F_A(或 F_B)。所以在梁的整个跨度内,只有一个剪力方程式(a)。

弯矩方程:

AC 段:

$$M(x) = \frac{M_e}{l}x \qquad\qquad (0 \leqslant x < a) \qquad\qquad (b)$$

CB 段:

$$M(x) = \frac{M_e}{l}(x - l) \qquad\qquad (a < x \leqslant l) \qquad\qquad (c)$$

图 7.12(b)和图 7.12(c)即为所得剪力图和弯矩图。

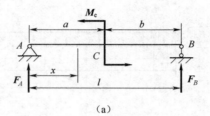

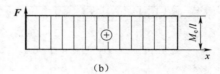

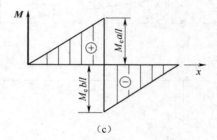

图 7.12

若 $a > b$,则最大弯矩为

$$M_{max} = \frac{M_e a}{l}$$

由以上几个例题看出:凡是集中力(包括支反力及集中载荷)作用的截面上,剪力似乎没有确定的数值。事实上,所谓集中力不可能"集中"作用于一点,它是分布于很短一段梁内的分布力,经简化后得出的结果如图 7.13(a)所示。若在 Δx 范围内把载荷看作均布的,则剪力将连续地从 F_{S_1} 变到 F_{S_2},如图 7.13(b)所示。在集中力偶作用的截面上,例如图 7.12 所示,弯矩图也有一突然变化,也可作同样的解释。

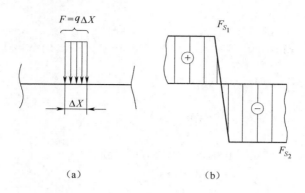

（a）　　　　　　　　　　（b）

图　7.13

第二节　载荷集度、剪力和弯矩间的关系

分析上节例题所得到的剪力方程和弯矩方程,可以发现剪力、弯矩和分布载荷集度之间存在一定的关系。在例 3 中,将剪力方程 $F_s(x)$ 对 x 取导数 $\dfrac{\mathrm{d}F_s}{\mathrm{d}x} = -q$,将弯矩方程 $M(x)$ 对 x 取导数 $\dfrac{\mathrm{d}M}{\mathrm{d}x} = F_s(x)$ 。载荷集度 $xq(x)$ 、剪力 $F_s(x)$ 和弯矩 $M(x)$ 之间的这种微分关系不是个别现象,它具有普遍性。掌握这个关系,对于正确绘制和检查剪力、弯矩图很有用处。现讨论 $q(x)$ 、$F_s(x)$ 及 $M(x)$ 之间的微分关系式。

如图 7.14(a) 所示,设梁上作用有任意载荷。以梁的左端为原点,选取坐标系如图 7.14(a) 所示,梁上分布载荷的集度 $q(x)$ 是 x 的连续函数,以向上规定为正。现从 x 截面处截取长度为 $\mathrm{d}x$ 的微段梁,如图 7.14(b) 所示。设 x 截面上剪力为 $F_s(x)$ 弯矩为 $M(x)$,均为正号;经过 $\mathrm{d}x$ 后,剪力和弯矩将有一个微增量。因此,在微段梁右截面上的剪力为 $F_s(x) + \mathrm{d}F_s(x)$,弯矩为 $M(x) + \mathrm{d}M(x)$ 。

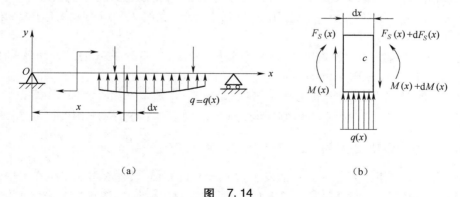

（a）　　　　　　　　　　（b）

图　7.14

由微段梁的平衡方程 $\sum F_y = 0$,得

$$F_s(x) - [F_s(x) + \mathrm{d}F_s(x)] + \mathrm{d}(x)q(x) = 0$$

由此导出

$$\frac{\mathrm{d}F_s(x)}{\mathrm{d}x} = q(x) \tag{7.1}$$

再由平衡方程 $\sum M_C = 0$,得

$$M(x) + \mathrm{d}M(x) - M(x) - F_s(x)\mathrm{d}x + \frac{q(x)}{2}\mathrm{d}(x)\mathrm{d}x = 0$$

略去二阶微量 $q(x)\mathrm{d}(x)\dfrac{\mathrm{d}x}{2}$,又可得到

$$\frac{\mathrm{d}M(x)}{\mathrm{d}x} = F_s(x) \tag{7.2}$$

如将式(7.2)再对 x 求导数,并利用式(7.1),即可得到

$$\frac{\mathrm{d}^2 M(x)}{\mathrm{d}x^2} = q(x) \tag{7.3}$$

上述三式都是直梁的弯矩、剪力与分布载荷集度之间普遍存在的关系。

从微分学可知,以上各式所具有的几何意义:式(7.1)说明了剪力图上某点处的切线斜率与梁上相应截面处的载荷集度相等;式(7.2)说明了弯矩图上某点处的切线斜率与梁上相应截面上的剪力相等,由式(7.3)可知,$q(x)$ 的正、负号与弯矩图上曲率的正、负号相同。

根据上述导数关系和第一节中所研究过的例题,可以总结出 $F_s(x)$、$M(x)$ 图间存在的规律如下:

①当 $q(x) = 0$ 时(即梁上无分布载荷),则 $F_s(x)$ 为常量,剪力图为水平线,图 7.9(b)所示。$M(x)$ 为 x 的一次函数,弯矩图为斜直线,如图 7.9(c)所示。

若 $F_s > 0$ 时,则 M 图斜率为正;

若 $F_s < 0$ 时,则 M 图斜率为负;

若 $F_s = 0$ 时,则 M 图斜率为零。

②$q(x) = $ 常量时,即梁上作用了均布载荷,即 $F_s(x)$ 为 x 的一次函数,剪力图为斜直线;$M(x)$ 为 x 的二次函数,弯矩图为二次抛物线,如图 7.10(b)和图 7.10(c)所示。

若均布载荷向上作用,即 $q > 0$ 时,则 F_s 图斜率为正,弯矩图抛物线向下凸。

若均布载荷向下作用,即 $q < 0$ 时,则 F_s 图斜率为负[见图 7.10(b)],弯矩图抛物线向上凸[见图 7.10(c)]。

③在集中力作用处,剪力图有突变,突变值等于集中力 F[见图 7.9(b)],而 M 图的切线斜率突然改变,成一转折角,如图 7.9(c)所示。

在集中力偶 M_e 作用处,弯矩图有突变(突变值等于力偶矩 M_e)如图 7.12(c)所示。

④在 $q(x) \neq 0$ 时,某截面 $F_s = 0$,则在该截面处,弯矩图有极值,从 F_s 图确定 M 图中极值点的位置。如图 7.10 中,跨度中点截面上,$F_s = 0$,弯矩为极值 $M_{\max} = \dfrac{qL_2}{8}$。

⑤全梁的最大弯矩 $|M|_{\max}$ 不但可能发生在 $F_s = 0$ 的截面上,也有可能发生在集中力作用处[见图 7.9(c)]或集中力偶作用处(见图 7.12)。所以求 $|M|_{\max}$ 时,应考虑上述几种可能性。

利用上述规律可使绘制剪力、弯矩图大为简化,现举例说明。

例 7.6 外伸梁所受载荷如图 7.15(a)所示,q、a 均为已知,试作梁的剪力图和弯矩图。

解

①求支反力:

$$\sum M_A = 0 \quad F_B \cdot 4a - qa^2 - 4qa \cdot 2a - qa \cdot 5a = 0$$

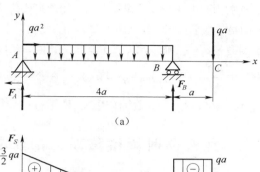

（a）

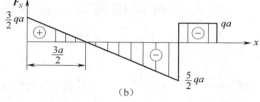

（b）

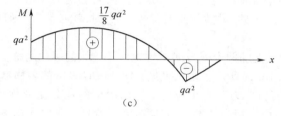

（c）

图 7.15

$$\sum M_B = 0 \quad -F_A \cdot 4a - qa^2 + 4qa \cdot 2a - qa \cdot a = 0$$

得
$$F_A = \frac{3}{2}qa, \quad F_B = \frac{7}{2}qa$$

②列剪力方程和弯矩方程：

AB 段：
$$F_S(x) = \frac{3}{2}qa - qx \qquad (0 < x < 4a)$$

$$M(x) = qa^2 + \frac{3}{2}qax - \frac{1}{2}qx^2 \quad (0 < x \leq 4a)$$

BC 段：
$$F_s(x) = qa \quad (4a < x < 5a) \quad M(x) = -qa(5a-x) \quad (4a \leq x \leq 5a)$$

③首先计算几个控制点处的剪力和弯矩的数值，列表如下：

内力	x				
	0	$\frac{3}{2}a$	4a		5a
			B 点稍左	B 点稍右	
F_S	$\frac{3}{2}qa$	0	$-\frac{5}{2}qa$	qa	qa
M	qa^2	$\frac{17}{8}qa^2$	$-qa^2$	$-qa^2$	0

然后作出剪力图和弯矩图，如图 7.15（b）和图 7.15（c）所示。最大弯矩发生在 $x = \frac{3}{2}a$ 处的横截面上，其值为 $M_{max} = \frac{17}{8}qa^2$。

④用导数关系进行校核。在剪力图中,因 AB 段梁受有向下的均布载荷,故 F_s 图是一向右下倾斜的直线,BC 段梁上无载荷,故 F_s 图是一水平直线。在支座 B 处,因有反力作用,故 F_s 图有一突变。

在弯矩图中,在 $x=0$ 处,因有一集中力偶作用,故 M 图有 qa^2 值,AB 段梁受有向下的均布载荷,故 M 图是一向上凸的抛物线。由 $\dfrac{\mathrm{d}M}{\mathrm{d}x}=F_s=\dfrac{3}{2}qa-qx=0$ 得知,在 $x=\dfrac{3}{2}a$ 处,M 图有一极值。BC 段梁上无载荷,故 M 图是一斜直线。在 B 处因有反力作用,故 M 图有一转折角。

第三节 纯弯曲时梁横截面上的正应力

1. 正应力

求出梁横截面上的剪力和弯矩后,为了进行梁的强度计算,需进一步研究其横截面上各点的应力分布规律。在第二节中曾指出,剪力就是切于横截面上内力系的合力,而弯矩则是垂直于横截面上内力系的合力偶矩。因此,梁横截面上有剪力 F_s 时,就必然存在剪应力;有弯矩 M 时,就必然存在正应力 σ。

图 7.16(a)所示外伸梁上的两个外力 F 对称地作用于梁的纵向对称面内。其剪力图和弯矩图分别如图 7.16(b)和图 7.16(c)所示。由图可见,AB 和 BC 段梁的各横截面上同时存在有剪力和弯矩,因此这些截面上既有剪应力又有正应力。该两段梁的弯曲变形称为横力弯曲或剪切弯曲。在 BC 段梁上剪力等于零,而弯矩为常量,因而横截面上就只有正应力而无剪应力。这种情况称为"纯弯曲"。分析纯弯曲时梁横截面上的正应力,可采用如同研究圆轴扭转时剪应力的方法,也要综合考虑变形的几何关系、应力与应变的物理关系和静力学关系等三个方面才能解决。

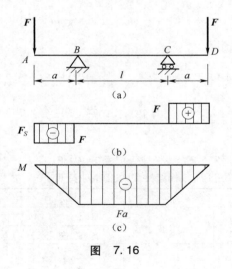

图 7.16

2. 变形几何关系

为了研究与横截面上正应力相应的纵向线应变,首先观察梁在纯弯曲时的变形现象。为此,作纯弯曲实验。取一矩形截面梁段,在变形前的梁的侧表面画上纵向线 aa 和 bb,并作垂直于纵向线的横向线 mm 和 nn [见图 7.17(a)]。然后在梁的两端加一对转向相反且作用在梁的纵对称面

内的弯矩 M，梁发生纯弯曲变形，如图 7.17(b)所示。此时可以观察到如下一些现象。

①各纵向线在梁变形后都弯成了圆弧线，靠近顶面的纵向线 aa 缩短了，靠近底面的纵向线 bb 则伸长了。

②横向线 mm 和 nn 仍保持为直线，且与已经变为弧线的 $\overparen{aa}$ 和 $\overparen{bb}$ 垂直，只是相对地转了一个角度，如图 7.17(b)所示。

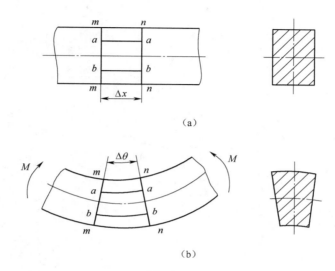

(a)

(b)

图　7.17

③梁横截面的高度不变，变形后上部变宽，下部变窄。

根据上述从梁表面观察到的变形现象，可以对梁内部的变形情况作出如下两个假设：

a. 变形前梁的横截面变形后仍保持为平面，且垂直于变形后的梁轴线，只是绕截面内的某一轴线旋转了一个角度。该假设称为平面假设。

b. 纵向纤维之间没有相互挤压、纵向纤维只受到简单拉伸或压缩。

根据平面假设，把梁看作由无数层纵向纤维所组成。靠近底面的纵向纤维被拉长；靠近顶面一侧的纤维缩短，由于变形是连续的，所以中间必有一层纤维长度不变，这层纤维称为中性层。中性层与横截面的交线称为中性轴，如图 7.18 所示。由于外力偶作用在梁的纵向对称面内，故梁在变形后的形状也应该对称于此平面，因此，中性轴必然垂直于横截面的对称轴。

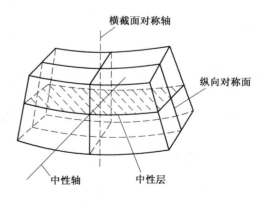

图　7.18

根据平面假设和上述分析结果，即可建立纯弯曲时梁横截面上任一点处线应变的表达式。纯弯曲时梁的纵向纤维由直线弯成圆弧，如图 7.19(a)所示。相距为 dx 的两相邻截面 m—m 和 n—n 延长交于 o 处，o 点即为中性层的曲率中心。梁轴线的曲率半径以 ρ 表示，两截面间的夹角以 $d\theta$ 表示。距中性层为 y 处的纤维变形后的长度 $\overparen{bb'}$ 应为

$$\overset{\frown}{bb'} = (\rho + y)\mathrm{d}\theta$$

原长 $\overset{\frown}{oo'} = \mathrm{d}x = \rho\mathrm{d}\theta$ $\overset{\frown}{o'o'} = \mathrm{d}x = \rho\mathrm{d}\theta$,所以上述距中性层为 y 处的纵向纤维的线应变为

$$\varepsilon = \frac{(\rho + y)\mathrm{d}\theta - \rho\mathrm{d}\theta}{\rho\mathrm{d}\theta} = \frac{y}{\rho} \tag{7.4}$$

式(7.4)表明,线应变 ε 随 y 按线性规律变化。

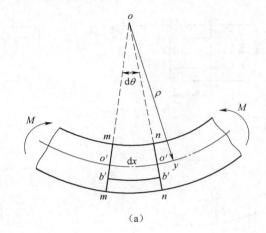

(a)

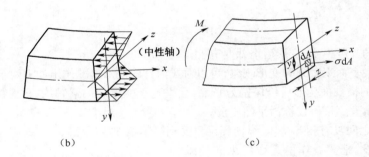

(b)　　　　　　　(c)

图　7.19

3. 物理关系

因假设纵向纤维之间不存在相互挤压,于是各纵向纤维只有轴向拉伸或压缩的变形。因而当应力小于比例极限时,每一纵向纤维都可应用单向拉伸(或压缩)时的胡克定律,即

$$\sigma = E\varepsilon$$

将式(7.4)中的 ε 代入上式,即得

$$\sigma = E\varepsilon = E\frac{y}{\rho} \tag{7.5}$$

式(7.5)表达了梁横截面上正应力的变化规律。由于 E 是常量,故由式(7.5)可知,横截面上任一点处的正应力与该点到中性轴的距离 y 成正比,而距中性轴等距的各点处的正应力均相同。正应力在梁横截面上的分布规律如图7.19(b)所示。在中性轴上,各点的 y 坐标等于零,故中性轴上的正应力等于零。

4. 静力学关系

从式(7.5)还不能计算横截面上各点处的正应力,这是因为式中的中性层曲率半径 ρ 尚不知道,以及 y 值因中性轴的位置未定也不知道。这可借助于静力学方面的分析来解决。在图7.19(c)中取中性轴为 z 轴,对称轴为 y 轴,过 z、y 轴的交点并沿横截面外法线方向的轴取为 x 轴,作用于微面积 $\mathrm{d}A$ 上的法向微内力为 $\sigma\mathrm{d}A$。整个横截面上所有这样的微内力构成一个垂直于横截面的空间平行力系。此力系只可能组成三个内力分量:一个沿轴线方向的力 F_N,一个对 y 轴的力偶矩 M_y 和一个对 z 轴的力偶矩 M_z。由截面法可知,在纯弯曲情况下,F_N 和 M_y 都等于零,而 M_z 矩就是横截面上的弯矩 M。

于是得到下式

$$M_y = \int_A z\sigma\,\mathrm{d}A = 0 \tag{7.6}$$

$$M_z = \int_A y\sigma\,\mathrm{d}A = M \tag{7.7}$$

首先讨论式(7.6)所表达的物理意义。将式(7.5)代入式(7.6)得

$$F_N = \int_A E\frac{y}{\rho}\mathrm{d}A = \frac{E}{\rho}\int_A y\mathrm{d}A = 0 \tag{7.8}$$

式中,因 $\dfrac{E}{\rho}$ 不可能等于零,故应有

$$\int_A y\mathrm{d}A = 0$$

上式表明整个横截面对于 z 轴(中性轴)的静矩 S_z 等于零。按照型钢表中的有关结论可知,只有当 z 轴通过截面形心时,才可能有 $S_z = 0$。故式(7.8)表明,中性轴 z 必然通过横截面的形心。这样,就确定了中性轴的位置。

其次,讨论式(7.7)。将式(7.5)代入式(7.7),得

$$M_y = \int_A E\frac{y}{\rho}z\mathrm{d}A = \frac{E}{\rho}\int_A yz\mathrm{d}A = 0 \tag{7.9}$$

式中,积分 $\int_A yz\mathrm{d}A = I_{yz}$ 称为横截面对 y 和 z 轴的惯性积。由于 y 轴是横截面的对称轴,故必然有 I_{yz}。所以式(7.9)是自然满足的。

最后将式(7.5)代入式(7.8),得

$$M_z = \int_A E\frac{y}{\rho}y\mathrm{d}A = M$$

即

$$\frac{E}{\rho}\int_A y^2\mathrm{d}A = M \tag{7.10}$$

式中积分

$$\int_A y^2\mathrm{d}A = I_z$$

是横截面对 z 轴(中性轴)的惯性矩。于是式(7.10)可以写成

$$\frac{1}{\rho} = \frac{M}{EI_z} \tag{7.11}$$

此式是用曲率表示的梁轴线的弯曲变形公式,它是弯曲理论的基本公式。式中的 EI_z 称为梁

的抗弯刚度,它反映了梁抵抗弯曲变形的能力。

至此,已经解决了中性层曲率半径 ρ 的计算和中性轴的位置这两个问题。将式(7.11)与式(7.5)联解,得到

$$\sigma = \frac{My}{I_z} \qquad (7.12)$$

上式即为梁在纯弯曲时横截面上任一点处的正应力计算公式。式中的 M 为梁横截面上的弯矩,可通过截面法从梁上的外力求得;y 为欲求正应力的点到中性轴的距离;I_z 为横截面对中性轴的惯性矩。

在式(7.12)中正应力是拉应力还是压应力虽可从弯矩 M 及 y 坐标的正、负号来确定,但从梁的变形情况来判断更为简便。此法即以中性层为界,梁变形后靠凸边一侧必为拉应力,靠凹边一侧则为压应力。显然用这一方法判定正应力是拉或压时,只须将 M 与 y 均以绝对值代入式(7.12)即可。

由式(7.12)可知,梁横截面上的最大拉应力和最大压应力发生在离中性轴最远处,对于中性轴为对称的截面,如矩形、圆形和工字形等截面,最大拉应力和最大压应力相等。设 y_{max} 为截面最远点到中性轴的距离,则此最大正应力值为

$$\sigma_{max} = \frac{M \cdot y_{max}}{I_z}$$

若令

$$W_z = \frac{I_z}{y_{max}} \qquad (7.13)$$

则有

$$\sigma_{max} = \frac{M}{W_z} \qquad (7.14)$$

式中,W_z 为抗弯截面系数,它是仅与截面形状及尺寸有关的几何量,量纲为[长度]^3。

对于不对称中性轴的截面,如 T 形截面,它应有两个抗弯截面系数值。在此情况下,截面上的最大拉应力与最大压应力值必不相等。

式(7.11)和式(7.12)是在平面假设和各纵向纤维间互不挤压假设的基础上得出的,它们已为实验和进一步的理论所证实。必须指出,这些公式只有当梁的材料服从胡克定律,而且在拉伸和压缩时的弹性模量相等的条件下才能应用。为了满足前一个条件,梁内的最大正应力值应不超过材料的比例极限。纯弯曲正应力计算公式还可推广用于横力弯曲时梁的正应力计算。工程实际中的梁,常见的是承受横向力作用而发生横力弯曲。在这种情况下,梁的横截面上不仅有弯矩,而且还有剪力。同时,由于横向力的作用,还使梁的纵向纤维之间发生挤压。这些都与推导公式的前提相矛盾。但是,精确的计算分析业已证明,对于横截面上有剪力作用的细长梁,例如,对于跨度与横截面高度之比 $\frac{L}{h} > 5$ 的矩形截面梁,应用纯弯曲时的公式计算该梁横截面上的正应力,是能够满足工程精度要求的。但应注意,此时应该用相应横截面上的弯矩 $M(x)$ 代替以上公式中的 M。

第四节　梁弯曲的正应力强度条件及其应用

一般等截面直梁在剪切弯曲时,弯矩最大(包括最大正弯矩和最大负弯矩)的横截面都是梁的危险截面。如梁的材料的拉伸和压缩许用应力相等,则选取绝对值最大的弯矩所在的横截面为危险截面,最大弯曲正应力 σ_{max} 就在危险截面上、下边缘处。为了保证梁能安全工作,最大工作应力

σ_{max} 就不得超过材料的许用弯曲应力 $[\sigma]$，于是梁弯曲正应力的强度条件为

$$\sigma_{max} = \frac{M}{W_z} \leqslant [\sigma] \tag{7.15}$$

如果横截面不对称于中性轴,则按式(7.13),W_{z1} 和 W_{z2} 不相等,在此应取较小的抗弯截面模量。必须说明,在有些设计中就选取材料的许用拉(压)应力近似地作为许用弯曲应力,偏于安全。但事实上,材料在弯曲时的强度与在轴向拉伸(压缩)时的强度并不相等,所以在有些设计规范中所规定的许用弯曲应力,略高于同一材料的许用拉(压)应力。具体规定可参考有关设计规范。如果梁的材料是铸铁、陶瓷等脆性材料,其拉伸和压缩许用应力不相等,则应分别求出最大正弯矩和最大负弯矩所在横截面上的最大拉应力和最大压应力,并相应列出抗拉强度条件和抗压强度条件为

$$\sigma_{max拉} = \frac{M}{W_{z1}} \leqslant [\sigma_{拉}] \tag{7.16a}$$

$$\sigma_{max压} = \frac{M}{W_{z2}} \leqslant [\sigma_{压}] \tag{7.16b}$$

式中,W_{z1} 和 W_{z2} 分别是相应于最大拉应力 $\sigma_{max拉}$ 和最大压应力 $\sigma_{max压}$ 的抗弯截面模量;$[\sigma_{拉}]$ 为材料的许用拉应力;$[\sigma_{压}]$ 为材料的许用压应力。

按梁的正应力强度条件,可对梁进行强度校核,或选择梁的截面,或确定梁的许可载荷等计算。

第八章
应力状态
和强度理论

第一节　应力状态的概念

1. 简单回顾

拉：

$$F_P \longleftarrow \boxed{} \longrightarrow F_P$$

强度条件：$\sigma = \dfrac{F_N}{A} \leqslant [\sigma] = \begin{cases} \dfrac{\sigma_s}{n} \\[2mm] \dfrac{\sigma_b}{n} \end{cases}$

扭转：

$$T \qquad\qquad\qquad T$$

强度条件：$\tau_{max} = \dfrac{M_m}{W_m} \leqslant [\tau] = \begin{cases} \dfrac{\tau_s}{n} \\[2mm] \dfrac{\tau_b}{n} \end{cases}$

弯曲：

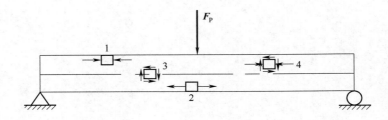

强度条件：

$$
\begin{cases}
\sigma_{\max} = \dfrac{M_{\max}}{W_z} \leqslant [\sigma] = \begin{cases} \dfrac{\sigma_s}{n} \\[2mm] \dfrac{\sigma_b}{n} \end{cases} \\[8mm]
\tau_{\max} = \dfrac{F_{Q\max} S_z^*}{I_z \cdot b} \leqslant [\tau] = \begin{cases} \dfrac{\tau_s}{n} \\[2mm] \dfrac{\tau_b}{n} \end{cases}
\end{cases}
$$

但到目前为止尚不能对如第 3、4 点的应力情况进行校核，因此：

①为了对某些复杂受力构件中既存在 σ 又存在 τ 的点建立强度条件提供依据。

②为实验应力分析奠定基础。

通过实验来研究和了解结构或构件中应力情况的方法，称为实验应力分析。

应力状态的理论，不仅是为组合变形情况下构件的强度计算建立理论基础，在研究金属材料的强度问题时，在采用试验方法来测定构件应力的试验应力分析中，以及在断裂力学、岩石力学和地质力学等学科的研究中，都要广泛地应用到应力状态的理论，和由它得出的一些结论。

2. 一点的应力状态

通过某一点的所有截面上的应力情况，或者说构件内任一点沿不同方向的斜面上应力的变化规律，称为一点的应力状态。

3. 应力状态的研究方法

在构件内取得单元体代替所研究的点：通过截面法研究单元体各个斜截面上的应力情况来研究一点的应力状态。

（1）单元体的概念

正六面微体：边长为无穷小量 $\mathrm{d}x$、$\mathrm{d}y$、$\mathrm{d}z$，故：

①任意一对平行平面上的应力均相等；

②各个面上的应力都均匀分布；

③任意、相互平行方向的应变均相同。

（2）取单元体

①取单元体的原则：

• 尽量使三对面上的应力为已知（包括应力等于零）；

• 先定横截面上的 σ、τ，然后按 τ 互等定律确定其他面上的剪应力。

②取法：

• 一对横截面 $\mathrm{d}x$；

• 一对纵截面（平行上、下面）$\mathrm{d}y$；

• 一对纵截面（平行前、后面）$\mathrm{d}z$。

③根据构件的受力情况，绘应力单元体。

例 8.1　受拉伸构件上的应力单元体，如图 8.1 所示。

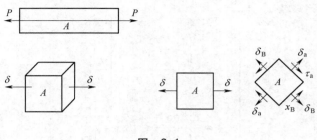

图 8.1

第二节　平面应力状态的分析

1. 平面应力状态的解析法

①分析一点的平面应力状态有解析法和图解法两种方法,应用两种方法时都必须已知过该点任意一对相互垂直截面上的应力值,从而求得任一斜截面上的应力。

②应力圆和单元体相互对应,应力圆上的一个点对应于单元体的一个面,应力圆上点的走向和单元体上截面转向一致。应力圆一点的坐标为单元体相应截面上的应力值;单元体两截面夹角为 α,应力圆上两对应点中心角为 2α;应力圆与 σ 轴两个交点的坐标为单元体的两个主应力值;应力圆的半径为单元体的最大切应力值。

③在平面应力状态中,过一点的所有截面中,必有一对主平面,也必有一对与主平面夹角为 $45°$ 的最大(最小)切应力截面。

④在平面应力状态中,任意两个相互垂直截面上的正应力之和等于常数。

图 8.2(a)所示单元体为平面应力状态的一般情况。单元体上,与 x 轴垂直的平面称为 x 平面,其上有正应力 σ_x 和切应力 τ_{xy};与 y 轴垂直的平面称为 y 平面,其上有正应力 σ_y 和切应力 τ_{yx};与 z 轴垂直的 z 平面上应力等于零,该平面是主平面,其上主应力为零。平面应力状态也可用图 8.2(b)所示单元体的平面图来表示。设正应力以拉应力为正,切应力以截面外法线顺时针转 $90°$ 所得的方向为正,反之为负。

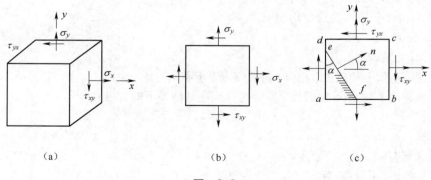

（a）　　　　　　　　（b）　　　　　　　　（c）

图 8.2

图 8.2(c)所示斜截面的外法线与 x 轴之间的夹角为 α。规定 α 角从 x 轴逆时针向转到截面外法线 n 方向时为正。α 斜截面上的正应力和切应力为:

$$\begin{cases} \sigma_\alpha = \dfrac{\sigma_x + \sigma_y}{2} + \dfrac{\sigma_x - \sigma_y}{2}\cos 2\alpha - \tau_{xy}\sin 2\alpha \\[3mm] \tau_\alpha = \dfrac{\sigma_x - \sigma_y}{2}\sin 2\alpha + \tau_{xy}\cos 2\alpha \end{cases}$$

最大正应力为

$$\sigma_{max} = \frac{\sigma_x + \sigma_y}{2} + \sqrt{\left(\frac{\sigma_x - \sigma_y}{2}\right)^2 + T_{xy}^2}$$

最小正应力为

$$\sigma_{min} = \frac{\sigma_x + \sigma_y}{2} \sqrt{\left(\frac{\sigma_x - \sigma_y}{2}\right)^2 + \tau_{xy}^2}$$

最大正应力和最小正应力是平面应力状态的两个主应力,其所在截面即为两个主平面,方位由下式确定:

$$\tan 2\alpha_0 = -\frac{2\tau_{xy}}{\sigma_x - \sigma_y}$$

最大切应力为

$$\tau_{max} = \sqrt{\left(\frac{\sigma_x - \sigma_y}{2}\right)^2 + \tau_{xy}^2}$$

最小切应力为

$$\tau_{min} = -\sqrt{\left(\frac{\sigma_x - \sigma_y}{2}\right)^2 + \tau_{xy}^2}$$

最大切应力和最小切应力所在截面相互垂直,且和两个主平面成45°,其方位由下式确定:

$$\tan 2\alpha_1 = \frac{\sigma_x - \sigma_y}{2\tau_{xy}}$$

2. 平面应力状态分析的图解法

在 σ、τ 直角坐标系中,平面应力状态可用一个圆表示,如图 8.3 所示。其圆心坐标为 $\left(\dfrac{\sigma_x + \sigma_y}{2}, 0\right)$,半径为 $\sqrt{\left(\dfrac{\sigma_x - \sigma_y}{2}\right)^2 + \tau_x^2}$。该圆周上任一点的坐标都对应着单元体上某一个 α 截面上的应力,这个圆称为应力圆。

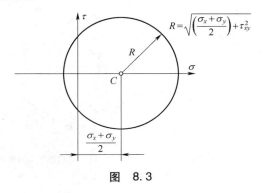

图 8.3

3. 三向应力状态

①在三向应力状态分析中,通常仅需求出最大(最小)正应力和最大切应力。如欲求空间任意斜截面上的应力,则应用截面法求得。

②在三向应力状态中,如已知一个主应力值和另外两对非主平面上的正应力和切应力,应由两对非主平面上的正应力和切应力分别求出另外两个主应力,然后根据三个主应力的大小分别写出 σ_1、σ_2 和 σ_3。

4. 广义胡克定律与体积变形

(1)广义胡克定律

广义胡克定律表示复杂应力状态下的应力应变关系,胡克定律 $\sigma = E\varepsilon$ 表示单向应力状态的应力应变关系。

工程实际中,常由实验测得构件某点处的应变,这时可用广义胡克定律求得该点的应力状态。

以主应力表示的广义胡克定律为

$$\begin{cases} \varepsilon_1 = \dfrac{1}{E}[\sigma_1 - \mu(\sigma_2 + \sigma_3)] \\ \varepsilon_2 = \dfrac{1}{E}[\sigma_2 - \mu(\sigma_3 + \sigma_1)] \\ \varepsilon_3 = \dfrac{1}{E}[\sigma_3 - \mu(\sigma_1 + \sigma_2)] \end{cases}$$

式中,σ_1、σ_2、σ_3 为代数值,各主应变 ε_1、ε_2、ε_3 的代数值间相应地有 $\varepsilon_1 > \varepsilon_2 > \varepsilon_3$。

如果单元体的各面上既有正应力又有切应力时,不计切应力对单元棱边的长度变化的影响,广义胡克定律为

$$\begin{cases} \varepsilon_x = \dfrac{1}{E}[\sigma_x - \mu(\sigma_y + \sigma_z)] \ , \quad \gamma_{xy} = \dfrac{\tau_{xy}}{G} \\ \varepsilon_y = \dfrac{1}{E}[\sigma_y - \mu(\sigma_z + \sigma_x)] \ , \quad \gamma_{yz} = \dfrac{\tau_{yz}}{G} \\ \varepsilon_z = \dfrac{1}{E}[\sigma_z - \mu(\sigma_x + \sigma_y)] \ , \quad \gamma_{zx} = \dfrac{\tau_{zx}}{G} \end{cases}$$

(2)体积变形

图 8.4 所示单元体的单位体积变化(即体积变形)为

$$\theta = \varepsilon_1 + \varepsilon_2 + \varepsilon_3$$

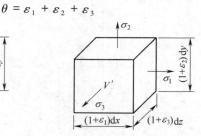

(a)受力前的微元体积 V (b)受力微元体变形后的体积 V'

图 8.4

设平均主应力 $\sigma_m = \dfrac{1}{3}(\sigma_1 + \sigma_2 + \sigma_3)$，则体积改变胡克定律为

$$\theta = \frac{\sigma_m}{K}$$

式中，$K = \dfrac{E}{3(1 - 2\mu)}$，称为体积弹性模量。

5. 平面应变分析

①本章所指平面应变状态是平面应力所对应的应变状态，不同于弹性力学中的平面应变状态，研究的范围仅限于应变发生在同一平面内的平面应变状态。切应变为零方向上的线应变称为主应变，各向同性材料的主应力和主应变方向相同。

②在用实测方法研究构件的变形和应力时，一般是用电测法测出一点处几个方向的应变，然后确定主应变及其方向，进行应变分析。

③在进行一点的平面应变分析时，首先应测定该点的三个应变分量 ε_x、ε_y 和 γ_{xy}。由于切应变难以直接测量，一般先测出三个选定方向 α_1、α_2、α_3 上的线应变，然后求解下列联立方程

$$\begin{cases} \varepsilon_{\alpha_1} = \dfrac{\varepsilon_x + \varepsilon_y}{2} + \dfrac{\varepsilon_x - \varepsilon_y}{2}\cos 2\alpha_1 - \dfrac{\gamma_{xy}}{2}\sin 2\alpha_1 \\[2mm] \varepsilon_{\alpha_2} = \dfrac{\varepsilon_x + \varepsilon_y}{2} + \dfrac{\varepsilon_x - \varepsilon_y}{2}\cos 2\alpha_2 - \dfrac{\gamma_{xy}}{2}\sin 2\alpha_2 \\[2mm] \varepsilon_{\alpha_3} = \dfrac{\varepsilon_x + \varepsilon_y}{2} + \dfrac{\varepsilon_x - \varepsilon_y}{2}\cos 2\alpha_3 - \dfrac{\gamma_{xy}}{2}\sin 2\alpha_3 \end{cases}$$

即可求得 ε_x、ε_y 和 γ_{xy}。

实际测量时，常把 α_1、α_2、α_3 选取为便于计算的数值，得到简单的计算式，以简化计算。

如选取 $\alpha_1 = 0°$、$\alpha_2 = 45°$、$\alpha_3 = 90°$，则得到

$$\varepsilon_x = \varepsilon_{0°}$$
$$\varepsilon_y = \varepsilon_{90°}$$
$$\gamma_{xy} = \varepsilon_{0°} - 2\varepsilon_{45°} + \varepsilon_{90°}$$

主应变的数值

$$\begin{matrix} \varepsilon_1 \\ \varepsilon_2 \end{matrix} = \frac{\varepsilon_{0°} + \varepsilon_{90°}}{2} \pm \frac{\sqrt{2}}{2}\sqrt{(\varepsilon_{0°} - \varepsilon_{45°})^2 + (\varepsilon_{45°} - \varepsilon_{90°})^2}$$

主应变方向

$$\tan 2\alpha_0 = \frac{2\varepsilon_{45°} - \varepsilon_{0°} - \varepsilon_{90°}}{\varepsilon_{0°} - \varepsilon_{90°}}$$

④一点的应变分析完成后，可用广义胡克定律求得该点的应力状态。

第三节　强　度　理　论

1. 强度理论的概念

①杆件在轴向拉伸时的强度条件：

$$\sigma = \frac{N}{A} \leqslant [\sigma]$$

式中:许用应力 $[\sigma] = \dfrac{\sigma^{\circ}}{n}$,$\sigma^{\circ}$ 为材料破坏时的应力,塑性材料以屈服极限 σ_s(或 $\sigma_{0.2}$)为其破坏应力,而脆性材料则以强度极限 σ_b 为其破坏应力。简单应力状态的强度条件是根据试验结果建立的。

②材料的破坏形式大致可分为两种类型:一种是塑性屈服;另一种是脆性断裂。不同的破坏形式有不同的破坏原因。

③关于材料破坏原因的假说称为强度理论。这些假说认为在不同应力状态下,材料某种破坏形式是由于某一种相同的因素引起的。这样,便可以利用轴向拉伸的试验结果,建立复杂应力状态下的强度条件。

2. 四种常用的强度理论

(1)最大拉应力理论(第一强度理论)

这一理论认为:最大拉应力是引起材料断裂破坏的主要因素。第一强度理论的强度条件是

$$\sigma_1 \leqslant [\sigma]$$

(2)最大拉应变理论(第二强度理论)

这一理论认为:最大拉应变是引起材料断裂破坏的主要因素。第二强度理论的强度条件是

$$\sigma_1 - \mu(\sigma_2 + \sigma_3) \leqslant [\sigma]$$

这一理论假设材料直到断裂前服从胡克定律。

(3)最大切应力理论(第三强度理论)

这一理论认为:材料发生塑性屈服的主要因素是最大切应力。第三强度理论的强度条件是

$$\sigma_1 - \sigma_3 \leqslant [\sigma]$$

(4)形状改变比能理论(第四强度理论)

这一理论认为:材料发生塑性屈服的主要因素是形状改变比能。第四强度理论的强度条件是

$$\sqrt{\frac{1}{2}\left[(\sigma_1 - \sigma_2)^2 + (\sigma_2 - \sigma_3)^2 + (\sigma_3 - \sigma_1)^2\right]} \leqslant [\sigma]$$

3. 强度理论的应用与相当应力

①运用强度理论解决工程实际问题,应当注意其适用范围。脆性材料一般是发生脆性断裂,应选用第一或第二理论,而塑性材料的破坏形式大多是塑性屈服,应选用第三或第四强度理论。

②工程实际中,常将强度条件中与许用应力 $[\sigma]$ 进行比较的应力称为相当应力,用 σ_{xd} 表示。上述四种强度理论的强度条件,可写成统一的形式

$$\sigma_{xdi} \leqslant [\sigma] \quad (i = 1,2,3,4)$$

四种强度理论的相当应力分别是

$$\sigma_{xd1} = \sigma_1$$
$$\sigma_{xd2} = \sigma_1 - \mu(\sigma_2 + \sigma_3)$$
$$\sigma_{xd3} = \sigma_1 - \sigma_3$$
$$\sigma_{xd4} = \sqrt{\frac{1}{2}\left[(\sigma_1 - \sigma_2)^2 + (\sigma_2 - \sigma_3)^2 + (\sigma_3 - \sigma_1)^2\right]}$$

4. 例题

例 8.2　一点处的平面应力状态如图 8.5(a)所示。已知 $\sigma_x = 60$ MPa，$\sigma_y = -40$ MPa，$\tau_{xy} = -30$ MPa，$\alpha = -30°$。试求：

①a 斜面上的应力；

②主应力、主平面；

③绘出主应力单元体。

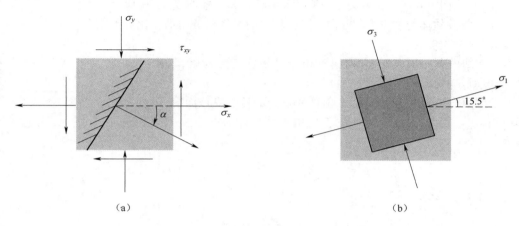

图　8.5

解

①a 斜面上的应力：

$$\sigma_\alpha = \frac{\sigma_x + \sigma_y}{2} + \frac{\sigma_x - \sigma_y}{2}\cos 2\alpha - \tau_{xy}\sin 2\alpha$$

$$= \frac{60 - 40}{2} + \frac{60 + 40}{2}\cos(-60°) + 30\sin(-60°)$$

$$= 9.02 \text{ MPa}$$

$$\tau_\alpha = \frac{\sigma_x - \sigma_y}{2}\sin 2\alpha + \tau_{xy}\cos 2\alpha$$

$$= \frac{60 + 40}{2}\sin(-60°) - 30\cos(-60°)$$

$$= -58.3 \text{ MPa}$$

②主应力、主平面：

$$\sigma_{max} = \frac{\sigma_x + \sigma_y}{2} + \sqrt{\left(\frac{\sigma_x - \sigma_y}{2}\right)^2 + \tau_{xy}^2} = 68.3 \text{ MPa}$$

$$\sigma_{min} = \frac{\sigma_x + \sigma_y}{2} - \sqrt{\left(\frac{\sigma_x - \sigma_y}{2}\right)^2 + \tau_{xy}^2} = -48.3 \text{ MPa}$$

所以

$$\sigma_1 = 68.3 \text{ MPa}, \quad \sigma_2 = 0, \quad \sigma_3 = -48.3 \text{ MPa}$$

主平面的方位角为

$$\tan 2\alpha_0 = -\frac{2\tau_{xy}}{\sigma_x - \sigma_y} = -\frac{-60}{60+40} = 0.6$$

$$\alpha_1 = 15.5°$$

$$\alpha_3 = 15.5° + 90° = 105.5°$$

由此可知,主应力 σ_1 方向: $\alpha_1 = 15.5°$,主应力 σ_3 方向: $\alpha_3 = 105.5°$。
③绘制主应力单元体,如图 8.5(b)所示。

例 8.3 如图 8.6 所示圆柱体,在刚性圆柱形凹模中轴向受压,压应力为 σ。试计算圆柱体的主应力与轴向变形。材料的弹性模量与泊松比分别为 E 与 μ,圆柱长度为 l。

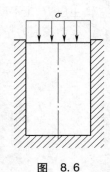

图 8.6

解 在凹模中的轴向压缩圆柱体,由于其横向变形受阻,其侧面也受压,压强值用 p 表示。

对于侧面均匀受压的圆柱体,其内任一点处的任一纵截面上,压应力值均等于侧压 p。因此,根据广义胡克定律,并设圆柱体的直径为 d,则其横向变形为

$$\Delta d = \frac{d}{E}\{-p - \mu[(-p) + (-\sigma)]\} = \frac{d}{E}[p(\mu - 1) + \mu\sigma]$$

由于横向变形为零,于是得

$$p = \frac{\mu\sigma}{1-\mu} < \sigma$$

所以,圆柱体内各点处的主应力为

$$\sigma_1 = \sigma_2 = -\frac{\mu\sigma}{1-\mu}, \quad \sigma_3 = -\sigma$$

其轴向变形则为 $\Delta l = \varepsilon l = \frac{l}{E}\left\{(-\sigma) - \mu\left[2\left(-\frac{\mu\sigma}{1-\mu}\right)\right]\right\} = -\frac{\sigma l(1-\mu-2\mu^2)}{E(1-\mu)}$

第 / 三 / 篇

工程材料基础知识及选用

　　机械工业生产中应用最广的是金属材料，在各种机器设备所用材料中，约占90%以上。金属材料来源丰富，具有优良的使用性能与工艺性能。高分子材料和陶瓷材料具有一些特性，如耐蚀、电绝缘性、隔音、减振、耐高温(陶瓷材料)、质轻、原料来源丰富、价廉以及成形加工容易等优点。人类为了生存和生产，总是不断地探索、寻找制造生产工具的材料，每一新材料的发现和应用，都会促使生产力向前发展，并给人类生活带来巨大的变革，把人类社会和物质文明推向一个新的阶段。工程材料具有较强的理论性和应用性，学习中应注重于分析、理解与运用，并注意前后知识的综合应用，为了提高分析问题、解决问题的独立工作能力，在系统的理论学习外，还要注意密切联系生产实际，重视实验环节，认真完成作业；学习本课程之前，学生应具有必要的生产实践的感性认识和专业基础知识。

第九章
材料的基础知识

第一节　材料的力学性能指标

使用性能是指材料在使用过程中所表现出来的特性。包括材料的物理性能、化学性能和力学性能。

1. 材料的力学性能

金属材料的力学性能是指材料在载荷作用下所表现出来的特性（即金属材料在载荷作用下所显示与弹性和非弹性反应相关或涉及应力—应变关系的性能）。它取决于材料本身的化学成分和材料的微观组织结构。

常用的力学性能指标有强度、刚度、塑性、硬度、韧度等。

1）强度、刚度与塑性

金属材料的强度、刚度与塑性可通过静拉伸试验（工程力学已讲过）测得，如图 9.1（a）所示。力—伸长曲线（又称拉伸曲线）为了消除试样尺寸影响，引入应力—应变曲线，如图 9.2 所示。应力—应变曲线的形状与力—伸长曲线相似，只是坐标和数值不同，从中，可以看出金属材料的一些力学性能。

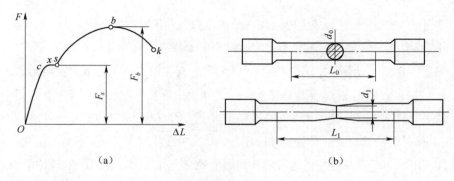

（a）　　　　　　　　　　　　　　　（b）

图　9.1

（1）强度

强度是指材料在载荷作用下抵抗永久变形和断裂的能力。强度的大小通常用应力表示,符号为 σ,单位为 MPa(兆帕)。工程上常用的强度指标有:屈服点和抗拉强度等。

①屈服点 $\sigma_s(\sigma_{r0.2})$:

由曲线 9.2 可知:σ_e 是试样保持弹性变形的最大应力;当应力>σ_e 时,产生塑性变形;当应力达 σ_s 时,试样变形出现屈服。此时的应力称为材料的屈服点(σ_s):

$$\sigma_s = \frac{F_s}{S_0}$$

式中　F_s——试样屈服时所承受的载荷,N;

　　　S_0——试样原始横截面积,mm^2。

有些材料用规定残余伸长应力 σ_r 来表示它的屈服点,如图 9.3 所示。表示此应力的符号,如:$\sigma_{r0.2}$ 表示规定残余伸长率为 0.2% 时的应力值(经常写成 $\sigma_{0.2}$):

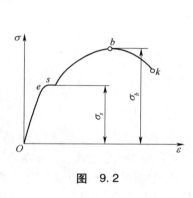

图　9.2

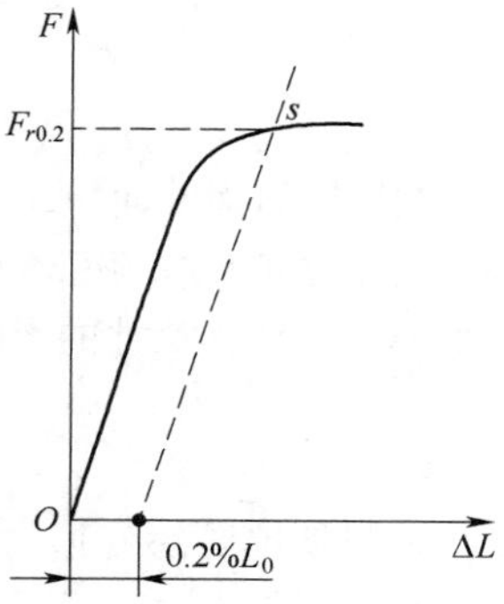

图　9.3

$$\sigma_{r0.2} = \frac{F_{r0.2}}{S_0}$$

式中　$F_{r0.2}$——残余伸长率达 0.2% 时的载荷,N;

　　　S_0——试样原始横截面积,mm^2。

②抗拉强度 σ_b:

试样拉断前所能承受的最大应力称为抗拉强度,用符号 σ_b 表示:

$$\sigma_b = \frac{F_b}{S_0}$$

式中　F_b——试样在拉伸过程中所承受的最大载荷,N;

　　　S_0——试样原始横截面积,mm^2。

在实际生产中,σ_s 是工程中塑性材料零件设计及计算的重要依据,$\sigma_{r0.2}$ 则是不产生明显屈服现象零件的设计计算依据。有时可直接采用抗拉强度 σ_b 加安全系数。

在工程上,把 σ_s/σ_b 称为屈强比。屈强比一般取值为 0.65~0.75。

（2）刚度

材料受力时抵抗弹性变形的能力称为刚度,它表示材料产生弹性变形的难易程度。刚度的大小通常用弹性模量 E(单向拉伸或压缩时)及 G(剪切或扭转时)来评价。

（3）塑性

塑性是指材料在断裂前发生不可逆永久变形的能力。常用的性能指标：

①断后伸长率：

断后伸长率是指试样拉断后标距长度的伸长量与原标距长度的百分比。用符号 δ 表示：

$$\delta = \frac{L_1 - L_2}{L_0} \times 100\%$$

式中　L_0——试样原标距长度，mm；

　　　L_1——试样拉断后对接的标距长度，mm。

伸长率的数值和试样标距长度有关。δ_{10} 表示长试样的断后伸长率（通常写成 δ），δ_5 表示短试样的断后伸长率。同种材料的 $\delta_5 > \delta_{10}$，所以相同符号的伸长率才能进行比较。

②断面收缩率：

断面收缩率是指试样拉断后缩颈处横截面积的最大缩减量与原始横截面积的百分比，用符号 ψ 表示：

$$\Psi = \frac{S_0 - S_1}{S_0} \times 100\%$$

式中　S_0——试样原始横截面积，mm^2；

　　　S_1——试样拉断后缩颈处最小横截面积，mm^2。

断面收缩率不受试样尺寸的影响，比较确切地反映了材料的塑性。一般 δ 或 ψ 值越大，材料塑性越好。

2）硬度

硬度是指材料抵抗局部变形，特别是塑性变形、压痕或划痕的能力，它是衡量材料软硬的指标。硬度值的大小不仅取决于材料的成分和组织结构，而且还取决于测定方法和试验条件。

硬度试验设备简单，操作迅速方便，一般不需要破坏零件或构件，而且对于大多数金属材料，硬度与其他力学性能（如强度、耐磨性）以及工艺性能（如切削加工性、可焊性等）之间存在着一定的对应关系。因此，在工程上，硬度被广泛地用以检验原材料和热处理件的质量，鉴定热处理工艺的合理性以及作为评定工艺性能的参考。

常见的硬度试验方法：布氏硬度（主要用于原材料检验）、洛氏硬度（主要用于热处理后的产品检验）、维氏硬度（主要用于薄板材料及材料表层的硬度测定）、显微硬度（主要用于测定金属材料的显微组织及各组成相的硬度）。下面介绍生产上常用的布氏硬度试验法和洛氏硬度试验法。

（1）布氏硬度

①布氏硬度测试原理。布氏硬度试验是用一定直径的钢球或硬质合金球作压头，以相应的试验载荷压入试样的表面，经规定保持时间后，卸除试验载荷，测量试样表面的压痕直径，如图 9.4 所示。

布氏硬度值是试验载荷 F 除以压痕球形表面积所得的商。

$$HBS(HBW) = 0.102 \frac{2F}{\pi D(D - \sqrt{D^2 - d^2})}$$

当 F、D 一定时，布氏硬度值仅与压痕直径 d 的大小有关。d 越小，布氏硬度值越大，材料硬度越高；反之，则说明

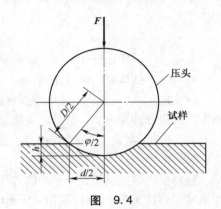

图 9.4

材料较软。在实际应用中,布氏硬度一般不用计算,只需根据测出的压痕平均直径 d 查表即可得到硬度值。

②布氏硬度的表示方法。布氏硬度用符号 HB 表示。使用淬火钢球压头时用 HBS 表示,适合于测定布氏硬度值在 450 以下的材料;使用硬质合金压头时,用 HBW 表示,适合于测定布氏硬度值在 450 以上的材料,最高可测 650 HBW。

其表示方法为:在符号 HBS 或 HBW 之前为硬度值(不标注单位),符号后面按以下顺序用数值表示试验条件。例如:

120HBS10/1 000/30 表示用直径 10 mm 的淬火钢球压头在 9.8 kN(1 000 kgf)的试验载荷作用下,保持 30 s 所测得的布氏硬度值为 120。

500 HBW5/750 表示用直径 5 mm 的硬质合金球压头在 7.35 kN(750 kgf)试验载荷作用下保持 10~15 s(不标注)测得的布氏硬度值为 500。

在布氏硬度试验时,应根据被测金属材料的种类和试件厚度,按一定的试验规范正确地选择压头直径 D,试验载荷 F 和保持时间 t。

③布氏硬度的特点及应用。布氏硬度试验压痕面积较大,受测量不均匀度影响较小,故测量结果较准确,适合于测量组织粗大且不均匀的金属材料的硬度。如铸铁、铸钢、非铁金属及其合金,各种退火、正火或调质的钢材等。另外,由于布氏硬度与 σ_b 之间存在一定的经验关系,因此得到了广泛的应用。但布氏硬度试验测试费时,压痕较大,不宜用来测成品,特别是有较高精度要求配合面的零件及小件、薄件,也不能用来测太硬的材料。

(2)洛氏硬度

①洛氏硬度测试原理。洛氏硬度是在初试验载荷(F_0)及总试验载荷(F_0+F_1)的先后作用下,将压头(120°金刚石圆锥体或直径为 1.588 mm 的淬火钢球)压入试样表面,经规定保持时间后,卸除主试验载荷 F_1,用测量的残余压痕深度增量计算硬度值,如图 9.5 所示。

压头在主载作用下,实际压入试件产生塑性变形的压痕深度为 bd(bd 为残余压痕深度增量)。用 bd 大小来判断材料的硬度。bd 越大,硬度越低,反之,硬度越高。实测时,硬度值的大小直接从硬度计表盘上读出。

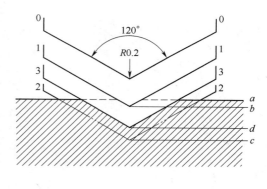

图　9.5

②洛氏硬度表示方法。洛氏硬度符号 HR 前面为硬度数值,HR 后面为使用的标尺。例如:50HRC 表示用 C 标尺测定的洛氏硬度值为 50。

③洛氏硬度的特点及应用。在洛氏硬度试验中,选择不同的试验载荷和压头类型可得到不同的洛氏硬度的标尺,便于用来测定从软到硬较大范围的材料硬度。最常用的是 HRA、HRB、HRC 三种。三种标尺中 HRC 应用最为广泛。洛氏硬度试验操作简便,迅速,测量硬度值范围大,压痕小,可直接测成品和较薄工件。但由于试验载荷较大,不宜用来测定极薄工件及氮化层、金属镀层等的硬度。而且由于压痕小,对内部组织和硬度不均匀的材料,测定结果波动较大,故需在不同位置测试三点的硬度值取其算术平均值。洛氏硬度无单位,各标尺之间没有直接的对应关系。

構件强度校核与材料选用

3）冲击韧度

上述都是静态力学性能指标。在实际生产中，许多零件是在冲击载荷作用下工作的，如冲床的冲头、锻锤的锤杆、风动工具等。对这类零件，不仅要满足在静载荷作用下的性能要求，还应具有足够的韧性，可防止发生突然的脆性断裂。

韧性是指材料在塑性变形和断裂过程中吸收能量的能力。

材料突然脆性断裂除取决于材料的本身因素以外，还和外界条件，特别是加载速率、应力状态及温度、介质的影响有很大关系。

金属材料在冲击载荷作用下抵抗破坏的能力称为冲击韧性。冲击试验法（夏比冲击试验），如图9.6所示。

摆锤一次冲断试样所消耗的能量用符号 A_k 表示：

$$A_k = mgh_1 - mgh_2 = mg(h_1 - h_2)$$

式中　A_k——冲击吸收功，单位为 J，由试验机刻度盘上直接读出。

材料的冲击韧度：

$$a_k = \frac{A_k}{S_0}$$

式中　S_0——试样缺口横截面积。

对一般常用钢材来说，所测冲击吸收功 A_k 越大，材料的韧性越好。但由于测出的冲击吸收功 A_k 的组成比较复杂，所以有时测得的 A_k 值及计算出的冲击韧度 a_k 不能真正反映材料的韧脆性质。

冲击吸收功与温度有关，如图9.7所示。

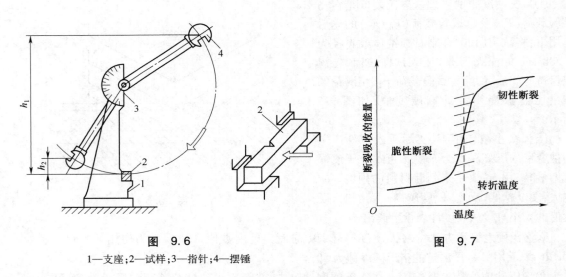

图 9.6　　　　　　　　　　　　　　图 9.7
1—支座；2—试样；3—指针；4—摆锤

冲击吸收功还与试样形状、尺寸、表面粗糙度、内部组织和缺陷等有关。所以冲击吸收功一般只能作为选材的参考，而不能直接用于强度计算。

4）金属材料的断裂韧度

（1）低应力脆断的概念

有些高强度材料的机件常常在远低于屈服点的状态下发生脆性断裂；中、低强度的重型机件、大型结构件也有类似情况，这就是低应力脆断。突然折断之类的事故，往往都属于低应力脆断。

研究和试验表明,低应力脆断总是与材料内部的裂纹及裂纹的扩展有关。因此,裂纹是否易于扩展,就成为衡量材料是否易于断裂的一个重要指标。

(2)裂纹扩展的基本形式

裂纹扩展可分为张开型(Ⅰ型)、滑开型(Ⅱ型)和撕开型(Ⅲ型)三种基本形式,如图9.8所示。其中以张开型(Ⅰ型)最危险,最容易引起脆性断裂。本节以此为讨论对象。

(3)断裂韧度及其应用。

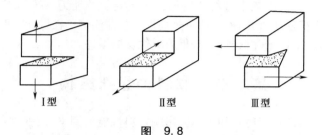

图　9.8

当材料中存在裂纹时,在外力的作用下,裂纹尖端附近某点处的实际应力值与施加的应力 σ（称为名义应力）、裂纹长度 a 及距裂纹尖端的距离有关,即施加的应力在裂纹尖端附近形成了一个应力场。为表述该应力场的强度,引入了应力场强度因子的概念,即:

$$K_{\mathrm{I}} = Y\sigma\sqrt{a}$$

式中　K_{I}——应力场强度因子,MPa·m$^{\frac{1}{2}}$,Ⅰ表示为张开性裂纹;

　　　σ——名义应力;

　　　a——裂纹长度;

　　　Y——裂纹形状系数,无量纲,一般 $Y = 1 \sim 2$。

由公式可见,K_{I}随 σ 和 a 的增大而增大,故应力场的应力值也随之增大,造成裂纹自动扩展。

断裂韧度可为零(构)件的安全设计提供重要的力学性能指标。断裂韧度是材料固有的力学性能指标,是强度和韧性的综合体现。它与裂纹的大小、形状、外加应力等无关,主要取决于材料的成分、内部组织和结构。

(4)疲劳强度

疲劳断裂:某些机械零件,在工作应力低于其屈服强度甚至是弹性极限的情况下发生断裂称为疲劳断裂。疲劳断裂不管是脆性材料还是韧性材料,都是突发性的,事先均无明显的塑性变形,具有很大的危险性。

疲劳强度:旋转弯曲疲劳曲线如图9.9所示。由曲线可以看出,应力值 σ 越低,断裂前的循环次数越多;把试样承受无数次应力循环或达到规定的循环次数才断裂的最大应力,作为材料的疲劳强度。通常规定钢铁材料的循环基数为 10^7;非铁金属的循环基数为 10^8;腐蚀介质作用下的循环基数为 10^6。

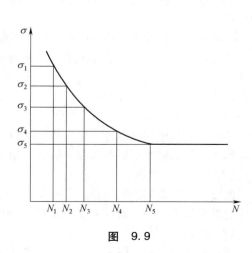

图　9.9

2. 材料的物理、化学性能

（1）物理性能

密度、熔点、导热性、导电性、热膨胀性、磁性。

（2）化学性能

材料的化学性能是材料抵抗周围介质侵蚀的能力，主要包括耐蚀性和热稳定性等。

材料的工艺性能：工艺性能是指材料适应加工工艺要求的能力。按加工方法的不同，可分为铸造性能、锻压性能、焊接性能、切削加工性及热处理工艺性能等。在设计零件和选择工艺方法时，都要考虑材料的工艺性能，以便降低成本，获得质量优良的零件。

第二节　材料的组织结构

哪些因素会影响材料的性能呢？如果掌握影响材料性能的因素，改变这些因素就能改变材料的性能吗？如何更好地合理选材和使用材料？

实验研究表明，材料的性能主要取决于其化学成分和内部结构，材料的成分不同其性能也不同，同一成分的材料可通过改变内部结构和组织状态的方法，改变其性能。因此，研究机械工程材料的结构及组织状态，对于生产、加工、使用现有材料和发展新型材料均具有重要意义。

1. 金属的晶体结构

物质是由原子组成的，根据原子排列的特征，固体物质可分为晶体与非晶体两类。

晶体是指其内部的原子按一定几何形状作有规则的周期性排列，如金刚石、石墨及固态金属与合金都是晶体。

非晶体内部的原子无规则地排列在一起，如松香、沥青、玻璃等。晶体具有固定的熔点和各向异性的特征，而非晶体没有固定熔点，且各向同性。

1）晶体结构的基本概念

晶体结构就是晶体内部原子排列的方式及特征。

①晶格——抽象的、用于描述原子在晶体中规则排列的空间几何图形。晶格中直线的交点称为结点。

②晶胞——能代表晶格特征的最小几何单元。

③晶格常数——各种晶体由于其晶格类型与晶格常数不同，故呈现出不同的物理、化学及力学性能。

2）常见金属的晶格类型

（1）体心立方晶格

体心立方晶格的晶胞为一立方体，立方体的 8 个顶角各排列 1 个原子，立方体中心有 1 个原子。属于这种晶格类型的金属有 α 铁、Cr（铬）、W（钨）、Mo（钼）、V（钒）等。

（2）面心立方晶格

面心立方晶格的晶胞也是一个立方体，立方体的 8 个顶角和 6 个面的中心各排列着 1 个原子。属于这种晶格类型的金属有 γ 铁、Al（铝）、Cu（铜）、Ni（镍）、Au（金）、Ag（银）等。

（3）密排六方晶格

密排六方晶格的晶胞是一个六方柱体，柱体的 12 个顶点和上、下面中心各排列 1 个原子，六方柱体的中间还有 3 个原子。属于这种晶格类型的金属有 Mg(镁)、Zn(锌)、Be(铍)、α-Ti 等。

晶格类型不同,原子排列的致密度(晶胞中原子所占体积与晶胞体积的比值)也不同。晶格类型发生变化,将引起金属体积和性能的变化。

2. 实际金属的晶体结构

1)多晶体结构

实际金属都是多晶体,即是由很多单晶体组成的,即使体积很小,其内部仍包含许多小晶体。

晶粒:外形不规则的小晶体。

晶界:多晶体材料中相邻晶粒的界面。

实际金属是各向同性的。

晶体的组织易随材料的成分及加工工艺而变化,是一个影响材料性能的极为敏感而重要的结构因素。

2)晶体的缺陷

实际的金属晶体结构不仅是多晶体,且原子的排列并不像理想晶体那样规则和完整。

晶体缺陷:包括点缺陷、线缺陷和面缺陷三类。

(1)点缺陷

晶格空位:晶格中某些结点未被原子占有而形成空着的位置。

间隙原子:在其他晶格空隙处出现多余原子而形成间隙原子。

点缺陷的附近,由于原子间作用力的平衡被破坏,使其周围原子离开了原来的平衡位置而发生靠拢或撑开,因此明显可知发生歪曲,造成晶格畸变,使金属的强度和硬度提高,而间隔性和韧性降低。

空位和间隙原子不是固定不变的。当空位周围的某个原子获得足够的振动能量时,它就会脱离原来的位置而进入空位,而在原来的位置上形成新的空位,这就是空位运动。同理,间隙原子也可以从这一间隙跑到另一间隙。这种空位或间隙原子的运动,是化学热处理时原子扩散的重要方式。

(2)线缺陷

是指在晶体中呈线状分布(在一个方向上尺寸很大,另两个方向上尺寸很小)的缺陷,常见的线缺陷是各种类型的位错。

位错:既是指在晶体中有一层或几层原子发生有规律的排错位置的缺陷。

位错常见的有刃型位错和螺型位错,其中刃型位错是一种比较简单的位错。

晶体中位错的数量可用位错的密度 ρ 来表示。

位错密度对材料性能的影响(特别是对力学性能的影响)比点缺陷要大,如图 9.10 所示。

(3)面缺陷

面缺陷是指在晶体中呈面状分布(在两个方向上的尺寸很大,在第三个方向上尺寸很小)的缺陷。常见的面缺陷是晶界和亚晶界。

多晶体中各相邻晶粒位向不同,所以晶界处实际是原子排列逐渐从一种位向过渡到另一种位向的过渡层,该过渡层原子排列不规则,使明显可知处于歪扭畸变状态。

每个晶粒内部晶格位向也不像理想那样完全一致,而是存在许多位向很小(一般 2°~3°)尺寸也很小的小晶块,这些小晶块称为"亚晶粒"(又称嵌镶块或亚结构)。两相邻亚晶粒的界面称为

"亚晶界"。亚晶界是由许多位错组成小角度晶界，其原子排列不规则，也产生晶格畸变。这种具有亚晶粒与亚晶界的组织称为亚组织。

综上所述，实际晶体内部存在各种缺陷，在缺陷处及其附近，晶格均处于畸变状态，直接影响到金属的力学性能，使金属的强度、硬度有所提高。

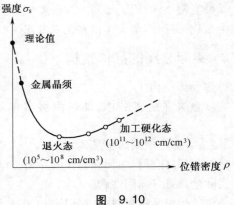

图 9.10

3. 纯金属的结晶

金属材料的生产一般都是要经过由液态到固态的凝固过程，如果凝固的固态物质是晶体，则这种凝固又称结晶。由于固态金属大都是晶体，所以金属凝固的过程通常又称结晶过程，金属结晶后获得的原始组织称为铸态组织，它对金属的工艺性能及使用性能有直接影响。因此，了解金属从液态结晶为固体的基本规律是十分必要的。

1）金属结晶的基本规律

（1）冷却曲线与过冷度

纯金属都有一个固定的熔点（又称结晶温度），因此纯金属的结晶过程总是在一个恒定的温度下进行的。

纯金属的结晶过程可用热分析等实验测绘的冷却曲线来描述。

由冷却曲线 1 可知，金属液缓慢冷却时，随着热量向外散失，温度不断下降，当温度降到 T_0 时，开始结晶。由于结晶时放出的结晶潜热补偿了其冷却时向外散失的热量，故结晶过程中温度不变，即冷却曲线上出现了水平线段，水平线段所对应的温度称为理论结晶温度（T_0）。在理论结晶温度 T_0 时，液体金属与其晶体处于平衡状态，这时液体中的原子结晶为晶体的速度与晶体上的原子溶入液体中的速度相等。结晶结束后，固态金属的温度继续下降，直到室温。

在宏观上看，这时既不结晶也不溶化，晶体与液体处于平衡状态，只有温度低于理论结晶温度 T_0 的某一温度时，才能有效地进行结晶。

在实际生产中，金属结晶的冷却速度都很快。因此，金属液的实际结晶温度 T_1 总是低于理论结晶温度 T_0。如图 9.11 曲线 2 所示。金属结晶时的这种现象称为过冷，两者温度之差称为过冷度，以 ΔT 表示，即 $\Delta T = T_0 - T_1$。

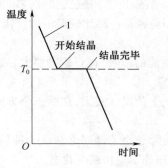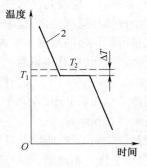

图 9.11

实际上金属总是在过冷的情况下结晶的，但同一金属结晶时的过冷度并不是一个恒定值，而与其冷却速度、金属的性质和纯度等因素有关。冷却速度越大,过冷度就越大,金属的实际结晶温度就越低。

过冷是金属结晶的必要条件。

(2)结晶的一般过程

纯金属的结晶过程是晶核形成和核长大的过程,如图9.12所示。金属液在达到结晶温度时,首先形成一些极细小的微晶体(即晶核)。随着时间的推移,液体中的原子不断向晶核聚集,使晶核长大;与此同时液体中会不断有新的晶核形成并长大,直到每个晶粒长大到相互接触,液体消失为止,得到了多晶体的金属结构。

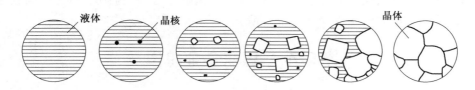

图　9.12

晶核的生成有两种方式:一种自发晶核,另一种非自发晶核。

自发晶核:在一定过冷条件下,仅仅依靠本身的原子有规则排列而形成晶核。自发形核的条件:过冷度的增大。

非自发晶核:金属原子依附于金属液中所存在的固态杂质微粒表面而形成的晶核。杂质具有非自发晶核作用的前提条件:其晶格结构和晶格参数与金属的相似和相当。

自发形核与非自发形核同时存在于金属液中,但非自发形核往往比自发形核更重要,起优先和主导作用。

晶核长大的实质:原子由液体向固体表面转移。

在晶核开始长大的初期,由于其内部原子规则排列,其外形大多较规则。但随着晶核的长大,晶体棱角的形成,棱角处的散热条件优于其他部位,因而得到优先成长,如树枝一样,先长出枝干,再长出分支,直至把晶间填满,这种长大方式称为"树枝状长大"。

2)金属结晶后的晶粒大小

(1)晶粒大小对金属力学性能的影响

在常温下,晶粒越细小,金属的强度、硬度就越高,塑性、韧性也越好。反之则力学性能差。因此,生产实践中总是希望使金属及其合金获得较细的晶粒组织。

高温下工作的材料晶粒过大和过小都不好,一般细晶粒,高温易蠕变,易腐蚀,粗晶粒正好相反。在有些情况下希望晶粒越大越好,例如制造电动机和变压器的硅钢片。

(2)晶粒大小的控制

晶粒的大小主要取决于形核速率 N(简称形核率)和长大速率 G(简称长大率)。

形核率:是指单位时间内在单位体积中产生的晶核数。

长大率:是指单位时间内晶核长大的线速度。

凡是促进形核率,抑制长大率的因素,都能细化晶粒。生产中为细化晶粒,提高金属的力学性能,常采用以下方法:

①提高冷却速度。增大过冷度可使晶粒细化。冷却速度越大,过冷度越大。所以,控制金属结晶时的冷却速度就可以控制过冷度,从而控制晶粒的大小。

②变质处理(孕育处理)。就是在浇注前,向液体中加入某种物质(称变质剂),促进非自发形核或抑制晶核的长大速度,从而细化晶粒的方法。

例如,在铁水中加入硅铁、硅钙合金,未熔质点的增加使石墨变细;在浇注高锰钢时加入锰铁粉;向铝液中加入 TiC、VC 等作为脱氧剂,其氧化物可作为非自发晶核,使形核率增大;在铝硅铸造合金中加入钠盐,钠能附着在硅的表面,降低 Si 的长大速度,阻碍大片状硅晶体形成,使合金组织细化。这些都是变质处理在实际生产中的应用。

在生产中,用快冷只适合较小的铸件。对于尺寸较大、形状较复杂的铸件,用快冷容易产生各种缺陷。生产中常采用变质处理的方法来细化晶粒。

③附加振动。在金属液结晶过程中,也可以采用机械振动、超声波振动、电磁振动等措施,使正在长大的晶粒破碎,从而细化晶粒。

第三节　铁碳合金相图

纯金属具有较高的导电性、导热性、化学稳定性以及金属光泽,但其强度、硬度都较低,不宜用于制作对力学性能要求较高的各种机械零件、工具和模具等,也无法满足人类在生产和生活中对金属材料多品种、高性能的要求,所以在工业上大量使用的不是纯金属而是合金。

1. 合金的基本概念

合金:是指由两种或两种以上金属元素(或金属与非金属元素)组成的具有金属特性的物质。

组元:是指组成合金的最基本而独立的物质。

一般来说,组元就是组成合金的化学元素。如黄铜的组元是铜和锌;青铜的组元是铜和锡。但也可以是稳定的化合物,如铁碳合金中的 Fe_3C,镁硅合金中的 Mg_2Si 等。

二元合金:是指由两个组元组成的合金;由三个组元组成的称为"三元合金",依此类推。

合金系:组元不变,当组元比例发生变化,可配制出一系列不同成分、不同性能的合金,这一系列的合金构成一个"合金系统",简称合金系。例如各种牌号的非合金钢就是由不同铁、碳含量的合金所构成的铁碳合金系。

相:是指金属或合金中化学成分、晶体结构及原子聚集状态相同,并与其他部分有明显界面分开的均匀组成部分。若合金是由成分、结构都相同的同一种晶粒构成的,则各晶粒虽有界面分开,却都属于同一种相,如纯铁在常温下是由单相 α-Fe 组成;若合金是由成分、结构互不相同的几种晶粒所构成,它们将属于不同的几种相,如铁中加碳后组成铁碳合金,由于铁与碳相互作用,又形成一种化合物 Fe_3C,因此,在铁碳合金中就出现了一种新相 Fe_3C(渗碳体),而形成双相组织(α-Fe 相和 Fe_3C 相)。

组织:是指用金相观察方法,在金属及其合金内部看到的涉及晶体或晶粒的大小、方向、形状、排列状况等组成关系的构造情况,又称显微组织(或金相组织)。合金在固态下,可以形成均匀的单相组织(如纯铁),也可以形成由两相或两相以上组成的多相组织,这种组织称为两相或复相组织(如退火状态的 45 钢)。

组织和相的关系:"相"是构成组织的最基本的组成部分;但是当"相"的大小、形态与分布不同时会构成不同的组织,如前述疑问中的纯铁冷拉前后的变化。"相"是组织的基本单元,组织是相的综合体。组织是材料性能的决定性因素。相同条件下,材料的性能随其组织的不同而变化,因此,在工业生产中,控制和改变材料的组织具有相当重要的意义。

2. 合金的相结构

由于合金的性能取决于它的组织,而合金组织的性能又首先取决于合金中相的性能。所以为了掌握合金的组织和性能,就必须了解合金的相结构及其性能。

合金的"相结构",是指合金中相的晶体结构,也就是说"相结构"是相中原子的具体排列规律。合金可以形成不同的相,其结构比纯金属复杂。不同的相原子排列方式(相结构)是不同的。根据合金中各组元间的相互作用,合金中相的结构主要有固溶体和金属化合物两大类。

1)固溶体

固溶体是指合金中两组元在固态下相互溶解而形成的均匀固相。

溶剂是组成固溶体的两个组元中能够保持其原有晶格类型的组元。

溶质是失去原有晶格类型的组元。

固溶体的晶格仍然保持溶剂的晶格类型。根据溶质原子在溶剂晶格中所占的位置不同,固溶体分为置换固溶体和间隙固溶体。

(1)置换固溶体

是指溶质原子占据了部分溶剂晶格结点位置而形成的固溶体,如图 9.13(a)所示。

按溶解度不同,置换固溶体可分为无限固溶体和有限固溶体两种。

①无限固溶体:溶质原子与溶剂原子能以任何比例相互溶解所形成的固溶体。例如铜镍合金,铜原子和镍原子可按任意比例相互溶解。

②有限固溶体:溶质在溶剂中的溶解度是有限的固溶体。如铜锌合金当 $w_{Zn}>40\%$ 时为有限固溶体(组织除了 α 固溶体外,还有铜与锌形成的金属化合物)。

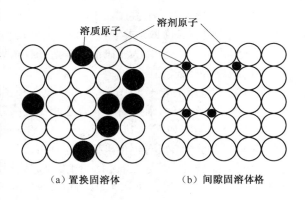

（a）置换固溶体　　　（b）间隙固溶体格

图　9.13

溶解度的大小主要取决于组元间的晶格类型、原子半径和温度等。实验证明,大多数合金都只能有限固溶,且溶解度随温度的降低而减少。

形成无限固溶体的条件:只有各组元的晶格类型相同,原子半径相差不大等。

(2)间隙固溶体

间隙固溶体形成的条件:是溶质原子半径与溶剂的原子半径的比值 $r_{溶质}/r_{溶剂} \leqslant 0.59$。因此,形成间隙固溶体的溶质元素通常是原子半径小的非金属元素,如碳、氮、氢、硼、氧等。

(3)固溶体的性能

形成固溶体时,虽然保持着溶剂的晶格类型,但由于溶质原子的溶入,将会使固溶体的晶格常数发生变化而形成晶格畸变,增加了变形抗力,因而导致材料强度、硬度提高。这种通过溶入溶质元素,使固溶体强度和硬度提高的现象称为固溶强化。

对于钢铁材料来说,固溶强化是其强化途径的一种;而对于非铁金属材料来说,固溶强化是重要的强化手段。

2)金属化合物(中间相)

当溶质含量超过固溶体的溶解度时,除了形成固溶体外,还将出现新相,若新相的晶体结构不

117

同于任意组成元素,新相将是组元元素间相互作用而生成的一种新的物质,即为金属化合物或中间相。根据形成条件和结构特点,常见的金属化合物有正常价化合物、电子化合物、间隙化合物三种类型。

弥散强化:金属化合物的晶格类型和性能不同于组成它的任一组元,一般熔点高,硬而脆,生产中很少直接使用单相金属化合物的合金。但当金属化合物呈细小颗粒状均匀分布在固溶体基体上时,将使合金的强度、硬度和耐磨性明显提高,这一现象称为弥散强化。

3. 合金的结晶

合金结晶同纯金属一样,也遵循形核与长大的规律。但合金的成分中包含有两个以上的组元(各组元的结晶温度是不同的),并且同一合金系中各合金的成分不同(组元比例不同),所以合金在结晶过程中其组织的形成及变化规律要比纯金属复杂得多。为了研究合金的性能与其成分、组织的关系,就必须借助于合金相图这一重要工具。

合金相图又称状态图或平衡图,是表示在平衡(极其缓慢加热或冷却)条件下,合金系中各种合金状态与温度、成分之间关系的图形。所以,通过相图可以了解合金系中任何成分的合金,在任何温度下的组织状态,在什么温度发生结晶和相变,存在几个相,每个相的成分是多少等。但是必须注意,在非平衡状态时(即加热或冷却较快),相图中的特性点或特性线要发生偏离。

在生产实践中,相图可作为正确制定铸造、锻压、焊接及热处理工艺的重要依据。

1)相图的表示方法

由两个组元组成的合金相图称为二元合金相图。现以 Cu-Ni 合金相图为例,来说明二元合金相图的表示方法。Cu-Ni 合金相图如图 9.14 所示。图中纵坐标表示温度,横坐标表示合金成分。横坐标从左到右表示合金成分的变化,即镍的质量分数 w_{Ni} 由 0 向 100% 逐渐增大,而铜的质量分数 w_{Cu} 相应地由 100% 向 0 逐渐减少。在横坐标上任何一点都代表一种成分的合金,例如 C 点代表 w_{Ni} 为 40% + w_{Cu} 为 60% 的合金,而 D 点代表 w_{Ni} 为 80% + w_{Cu} 为 20% 的合金。

2)二元合金相图的建立

相图是通过实验方法建立的。利用热分析法测定 Cu-Ni 合金的临界点(发生相变的温度,又称相变点或转折点),说明二元合金相图的建立。

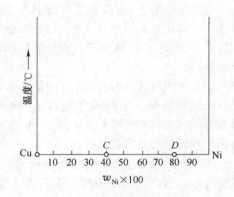

图 9.14

3)二元合金相图的基本类型

在二元相图中,有的相图简单(如 Cu-Ni 相图),有的相图复杂(如 Fe-C 相图),但不管多么复杂,任何二元相图都可以看成是几个基本类型相图叠加、复合而成的。

(1)匀晶相图

两组元在液态和固态下均可以以任意比例相互溶解,即在固态下形成无限固溶体的结晶规律所组成的合金相图称为匀晶相图。例如 Cu-Ni、W-Mo、Fe-Ni 等都是匀晶相图。在这类合金中,结晶都是从液相中结晶出单相的固溶体,这种结晶过程称为匀晶转变。现以 Cu-Ni 相图为例进行分析。

①相图分析:图 9.15(a)所示为匀晶相图。该相图由两条封闭的曲线组成——液相线、固相线。在这两条曲线上有两个特性点:A 点、B 点。由特性点 A、B 连接的液相线和固相线称为特性

线,它们把相图分成三个相区,即液相区,以 L 表示;固相区,是由 Cu、Ni 形成的无限固溶体,用 α 表示;两相共存区,以 L+α 表示。

②不平衡结晶——枝晶偏析(晶内偏析)及其危害和消除方法。

枝晶偏析对固溶体合金的性能有很大影响,可导致合金的抗蚀性降低,严重的枝晶偏析会使合金的强度、塑性和韧性下降,另外,存在严重枝晶偏析的材料高温加热时,在温度还未达到固相线时便会出现枝晶熔化。生产上一般是通过"均匀化退火"或称"扩散退火"来降低枝晶偏析的程度和消除枝晶偏析,即将铸件加热到低于固相线 100~200 ℃(要确保不能出现液相,否则会使合金"过烧")进行长时间保温,使偏析元素的原子充分扩散以达到成分均匀化目的。

(2)共晶相图

两组元在液态下能完全互溶,在固态时有限互溶并发生共晶反应(共晶转变),形成共晶组织的二元相图称为二元共晶相图。Pb-Sn、Al-Si 等皆属于共晶相图,在 Fe-Fe$_3$C 相图中也包含共晶转变部分。

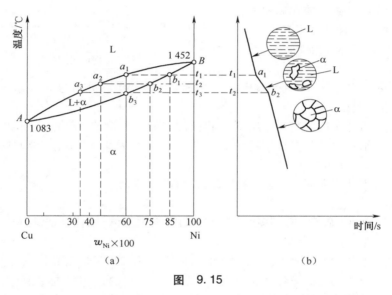

图　9.15

例如,过共晶铸铁中的石墨飘浮、Pb-Sb 轴承合金密度较小的 β 固溶体上浮,都是密度偏析现象。

4. 铁碳合金及相图

由铁和碳为主要元素组成的合金称为铁碳合金,钢铁材料就是铁碳合金,它是工业上应用最广的金属材料。了解铁碳合金的结构及其相图,掌握其性能变化规律,为正确合理地使用钢铁材料,制定各种加工工艺提供了重要的理论依据。

1)纯铁的同素异晶转变

钢铁材料之所以应用的非常广泛,其中最主要的原因是由于组成钢铁材料的主要元素铁在不同的固态温度下其晶体结构会发生改变。纯铁的冷却曲线如图 9.16 所示。从曲线上可以看到:

$$\underset{结晶}{(液态)Fe} \overset{1\,538\ ℃}{\longleftarrow} \underset{晶格类型转变}{δ\text{-}Fe} \overset{1\,394\ ℃}{\longleftarrow} \underset{晶格类型转变}{γ\text{-}Fe} \overset{912\ ℃}{\longleftarrow} α\text{-}Fe。$$

通常,把这种金属在固体下,随着温度的变化,晶格由一种类型转变成另一种类型的转变过程称为同素异构转变(同素异晶转变)。

同素异晶转变是钢铁的一个重要特性,是能够进行热处理来改变性能的基础。同素异晶转变是通过原子的重新排列来完成的,是重结晶过程,有一定的转变温度,转变时需要过冷,有潜热产生,而且转变过程也是由晶核的形成和晶核的长大来完成的。

2)铁碳合金的基本相

在铁碳合金中,因铁和碳在固态不同温度下,可以形成固溶体和金属化合物,其基本相有铁素体、奥氏体和渗碳体。

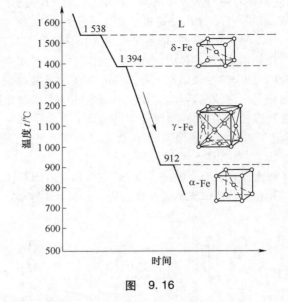

图 9.16

(1)铁素体

铁素体:α-Fe 中溶入一种或几种溶质原子构成的间隙固溶体,用符号 F 表示。铁素体仍然保持 α-Fe 的体心立方晶格。

由于体心立方晶格的间隙很小,溶碳能力很低,在 600 ℃时溶碳量仅为 $w_C = 0.006\%$,随着温度升高,溶碳量逐渐增加,在 727 ℃时,溶碳量 $w_C = 0.021\ 8\%$。因此,铁素体室温时的性能与纯铁相似,强度、硬度低,塑性和韧性好。

铁素体的显微组织呈明亮的多边形晶粒,晶界如图 9.17 所示。

(2)奥氏体

奥氏体:γ-Fe 中溶入碳和(或)其他元素形成的间隙固溶体,用符号 A 表示。奥氏体仍保持 γ-Fe 的面心立方晶格。

由于面心立方晶格的间隙较大,因此溶碳能力也较大,在 727 ℃时溶碳量 $w_C = 0.77\%$,随着温度的升高溶碳量逐渐增多,到 1 148 ℃时,溶碳量可达 $w_C = 2.11\%$。奥氏体塑性韧性好,强度和硬度较低,因此,生产中常将工件加热到 A 状态进行锻造。

奥氏体的显微组织与铁素体的显微组织相似,呈多边形,但晶界较铁素体平直,如图 9.18 所示。

图 9.17

图 9.18

(3)渗碳体

渗碳体是铁和碳相互作用形成的具有复杂晶格的间隙化合物,用分子式 Fe_3C 表示。渗碳体的

$w_C = 6.69\%$，熔点为 1 227 ℃，硬度很高(约 1 000 HV)，塑性、韧性几乎为零，极脆。

渗碳体在铁碳合金中常以片状、球状、网状等形式与其他相共存，如能合理利用，渗碳体是钢中的主要强化相，其形态、大小、数量和分布对钢的性能有很大的影响，另外，在一定条件下它会发生分解，形成石墨状的自由碳。

除了上述基本相外，铁碳合金中还有由基本相铁素体与渗碳体($F+Fe_3C$)组成的复相组织珠光体(P)和渗碳体与奥氏体($A+Fe_3C$)组成的高温莱氏体(Ld)及渗碳体与珠光体(Fe_3C+P)组成的低温莱氏体(Ld′)。

3)铁碳合金相图

(1)Fe-Fe₃C 相图的建立

铁碳合金相图是指在平衡(极其缓慢加热或冷却)条件下，不同成分的铁碳合金，在不同温度所处状态或组织的图形。

铁和碳可形成一系列稳定化合物(Fe_3C、Fe_2C、FeC)，由于 $w_C > 6.69\%$ 时的铁碳合金脆性极大，没有使用价值，而且 Fe_3C 又是一个稳定的化合物，可以作为一个独立的组元，因此一般所研究的铁碳合金相图实际上是 F-Fe₃C 相图，如图 9.19 所示。为便于分析和研究，图中左上角部分已简化。

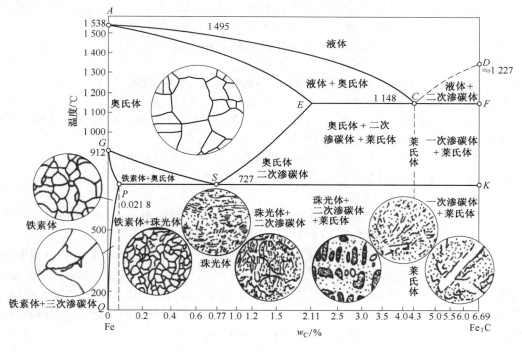

图　9.19

Fe-Fe₃C 是二元合金相图，它的建立和前面讲的二元合金相图的建立过程是一样的。

(2)相图中的特性点、线的意义及相区相的组成(见表 9-1)

共析转变：$As \underset{727\,℃}{\overset{}{\rightleftharpoons}} F + Fe_3C$

Fe-Fe₃C 相图的主要相区的相的组成见图 9.19。

(3)典型合金的结晶过程及其组织

①铁碳合金的分类。

表 9.1

特性点	$t/℃$	$w_C/\%$	含 义
A	1 538	0	纯铁的熔点
C	1 148	4.3	共晶点，$Lc \leftrightarrows (A_E + Fe_3C)$
D	1 227	6.69	渗碳体的熔点
E	1 148	2.11	碳在 γ-Fe 中的最大溶解度
G	912	0	纯铁的同素异晶转变点 α-Fe $\leftrightarrows \gamma$-Fe
P	727	0.0218	碳在 α-Fe 中的最大溶解度
S	727	0.77	共析点，$As \leftrightarrows Fe_3C + FP$
Q	600	0.006	碳在 α-Fe 中的溶解度

根据铁碳合金中碳的质量分数和组织的不同，将铁碳合金分为：

工业纯铁：$w_C \leqslant 0.0218\%$；室温组织：铁素体和三次渗碳体。

碳钢：$0.0218\% < w_C \leqslant 2.11\%$；根据室温组织不同，又可以分为：

● 亚共析钢：$0.0218\% < w_C < 0.77\%$；室温组织：铁素体和珠光体。

● 共析钢：$w_C = 0.77\%$；室温组织：珠光体。

● 过共析钢：$0.77\% < w_C \leqslant 2.11\%$；室温组织：珠光体和二次渗碳体。

白口铸铁：$2.11\% < w_C \leqslant 6.69\%$；根据室温组织不同，又可以分为：

● 亚共晶白口铸铁：$2.11\% < w_C < 4.3\%$；室温组织：珠光体、低温莱氏体和二次渗碳体。

● 共晶白口铸铁：$w_C = 4.3\%$；室温组织：低温莱氏体。

● 过共晶白口铸铁：$4.3\% < w_C \leqslant 6.69\%$；室温组织：渗碳体和低温莱氏体。

② 典型合金的冷却过程分析。

a. 共析钢的冷却过程分析。

如图 9.20 所示，过 $w_C = 0.77\%$ 的点作一条垂直于横轴的垂线（合金线）Ⅰ，与相图分别交于 1、2、3（S）点温度，以这三点温度为界，分析其冷却过程。

合金在 1 点以上全部为液相（L），当缓冷至与 AC 线相交的 1 点温度时，开始从液相中结晶出奥氏体（A），奥氏体的量随温度下降而增多，其成分沿 AE 线变化，剩余液相逐渐减少，其成分沿 AC 线变化。冷至 2 点温度时，液相全部结晶为与原合金成分相同的奥氏体。2~3 点（即 S 点）温度范围内为单一奥氏体。冷至 3 点（727 ℃）时，发生共析转变，从奥氏体中同时析出铁素体和渗碳体，构成交替重叠的层片状两相组织，称为珠光体，其共析转变式为：

$$As \xrightleftharpoons{727\ ℃} F + Fe_3C$$

这种在一定温度下，由一定成分的固相同时析出两种一定成分的固相转变，称为共析转变。

共析转变在恒温下进行，该温度称为共析温度；发生共析转变的成分称为共析成分，共析成分是一定的；共析转变后的组织称为共析组织或共析体。共析转变后的铁素体和渗碳体又称共析铁素体和共析渗碳体。由于在固态下原子扩散较困难，故共析组织均匀、细密。

在 3 点以下继续缓冷时，铁素体成分沿 PQ 线变化，将有少量三次渗碳体（$Fe_3C_{Ⅲ}$）从铁素体中析出，并与共析渗碳体混在一起，不易分辨，而且在钢中影响不大，故可忽略不计。共析钢冷却过程如图 9.21 所示，其室温组织为珠光体。

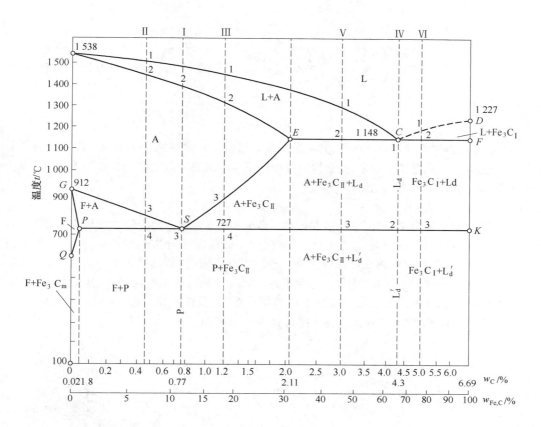

图　9.20

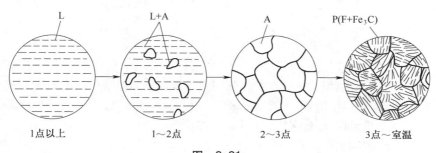

| 1点以上 | 1~2点 | 2~3点 | 3点~室温 |

图　9.21

　　珠光体力学性能介于铁素体与渗碳体之间,即强度较高,硬度适中,有一定塑性。珠光体的显微组织如图 9.21 所示。

　　b. 亚共析钢冷却过程分析。

　　图 9.20 中合金 Ⅱ 为 $w_c = 0.45\%$ 的亚共析钢。合金 Ⅱ 在 3 点以上的冷却过程与共析钢在 3 点以上相似。当合金冷至与 GS 线相交的 3 点时,开始从奥氏体中析出铁素体。在 3~4 点之间,组织为奥氏体和铁素体,温度缓冷至 4 点时,剩余奥氏体的碳的质量分数达到共析成分($w_c = 0.77\%$),发生共析转变形成珠光体。温度继续下降,由铁素体中析出极少量的三次渗碳体(可忽略不计)。故其室温组织为铁素体和珠光体,其冷却过程如图 9.22 所示。

123

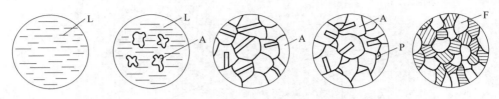

图 9.22

所有亚共析钢的冷却过程均相似,其室温组织都是由铁素体和珠光体组成。所不同的是随碳的质量分数的增加,珠光体量增多,铁素体量减少。亚共析钢的显微组织如图 9.22 所示,图中白色部分为铁素体,黑色部分为珠光体。

c. 过共析钢冷却过程分析。

图 9.20 中合金Ⅲ为 $w_C = 1.2\%$ 的过共析钢。合金Ⅲ在 3 点以上的冷却过程与共析钢在 3 点以上相似。当合金冷至与 ES 线相交的 3 点时,奥氏体中碳的质量分数达到饱和,碳以二次渗碳体 Fe_3C_{II} 的形式析出,呈网状沿奥氏体晶界分布。继续冷却,二次渗碳体量不断增多,奥氏体量不断减少,剩余奥氏体的成分沿 ES 线变化。当冷却到与 PSK 线相交的 4 点时,剩余奥氏体碳的质量分数达到共析成分($w_C = 0.77\%$),故奥氏体发生共析转变,形成珠光体。继续冷却,组织基本不变。其室温组织为珠光体和网状二次渗碳体。冷却过程如图 9.23 所示。

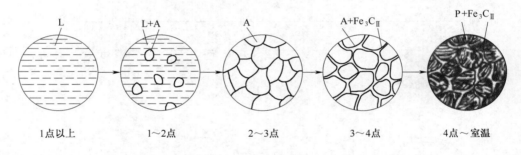

图 9.23

所有过共析钢的室温组织都是由珠光体和网状二次渗碳体组成的。不同的是随碳的质量分数的增加,网状二次渗碳体量增多,珠光体量减少。过共析钢的显微组织如图 9.23 所示,图中呈片状黑白相间的组织为珠光体,白色网状组织为二次渗碳体。

d. 共晶白口铸铁的冷却过程分析。

图 9.20 中合金Ⅳ为 $w_C = 4.3\%$ 的共晶白口铸铁。合金在 1 点(即 C 点)温度以上为液相。缓冷至 1 点温度(1 148 ℃)时,发生共晶转变,即从一定成分的液相中同时结晶出奥氏体和渗碳体。共晶转变后的奥氏体和渗碳体又称共晶奥氏体和共晶渗碳体。由奥氏体和渗碳体组成的共晶体,称为莱氏体,用符号 L_d 表示,其转变式:

$$L_d \xrightarrow{1\ 148\ ℃} P(F_P + Fe_3C)$$

莱氏体的性能与渗碳体相似,硬度很高,塑性极差。继续冷却,从共晶奥氏体中不断析出二次渗碳体,奥氏体中碳的质量分数沿 ES 线向共析成分接近,当缓冷至 2 点时,奥氏体中碳的质量分数达到共析成分,发生共析转变,形成珠光体,二次渗碳体保留至室温。因此,共晶白口铸铁的室温组织是由珠光体和渗碳体(二次渗碳体和共晶渗碳体)组成的两相组织,即低温莱氏体(L'_d)。共晶白口铸铁的冷却过程如图9.24所示。其显微组织如图所示,图中黑色部分为珠光体,白色基体为渗碳体(其中共晶渗碳体与二次渗碳体混在一起,无法分辨)。

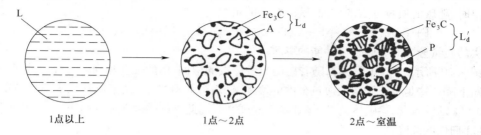

图　9.24

e. 亚共晶白口铸铁冷却过程分析。

图9.20中合金 V 为 $w_C = 3.0\%$ 的亚共晶白口铸铁。亚共晶白口铸铁的冷却过程如图9.25所示,块状或树枝状为其显微组织。图中黑色部分为珠光体,黑白相间的基体为低温莱氏体,二次渗碳体与共晶渗碳体混在一起,无法分辨。

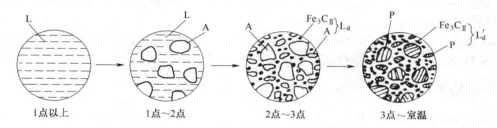

图　9.25

所有亚共晶白口铸铁的室温组织均由珠光体+二次渗碳体+低温莱氏体组成。不同的是随碳的质量分数增加,组织中低温莱氏体量增多,其他量相对减少。

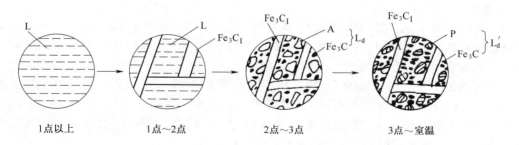

图　9.26

f. 过共晶白口铸铁冷却过程分析。

图9.20中合金Ⅵ为 $w_C = 5.0\%$ 的过共晶白口铸铁。过共晶白口铸铁的室温组织为低温莱氏体和一次渗碳体。过共晶白口铸铁的冷却过程如图9.26所示,其显微组织如图所示。图中白色条状为一次渗碳体,黑白相间的基体为低温莱氏体。

所有过共晶白口铸铁的室温组织均由低温莱氏体和一次渗碳体组成。不同的是随碳的质量分数的增加,组织中一次渗碳体量增多。

③碳的质量分数对铁碳合金平衡组织和力学性能的影响。

• 碳的质量分数对铁碳合金平衡组织的影响。

室温时,随碳的质量分数的增加,铁碳合金的组织变化如下:

$$F+Fe_3C_{III} \rightarrow F+P \rightarrow P \rightarrow P+Fe_3C_{II} \rightarrow P+Fe_3C_{II}+L'_d \rightarrow L'_d \rightarrow L'_d+Fe_3C_I$$

• 碳的质量分数对铁碳合金性能的影响。

如图 9.20 所示,$w_C<0.9\%$ 时,随着碳的质量分数的增加,钢的强度和硬度直线上升,而塑性和韧性不断下降。这是由于随碳的质量分数的增加,钢珠光体量增多,铁素体量减少所造成的;当钢的 $w_C>0.9\%$ 以后,二次渗碳体沿晶界形成较完整的网,因此钢的强度开始明显下降,但硬度仍在增高,塑性和韧性继续降低。

第四节　金属材料的热处理

热处理是提高材料使用性能和改善工艺性能的基本途径之一,是挖掘材料潜力,保证产品质量、延长寿命的重要工艺。

热处理是指采用适当方式对材料或工件进行加热、保温和冷却,以获得预期组织结构,从而获得所需性能的工艺方法。

热处理的实质是通过改变材料的组织结构来改变材料的性能,因此只适用于固态下发生组织转变的材料,不发生固态相变的材料不能用热处理来强化。

1. 钢的热处理原理

1)钢在加热时的组织转变

由 Fe-Fe$_3$C 相图可知,室温的钢只有加热到 PSK 温度以上才能发生组织转变,即获得奥氏体,而只有奥氏体才能通过不同的冷却方式使钢转变为不同的组织,获得所需要的性能。

钢加热获得奥氏体的过程称为奥氏体化过程。在实际加热(或冷却)时的临界点分别用 A_{c1}、A_{c3}、A_{ccm}(或 A_{r1}、A_{r3}、A_{rcm})表示,如图 9.27 所示。

(1)奥氏体的形成

以共析钢为例,说明共析钢奥氏体的形成过程。当共析钢加热到 A_{c1} 以上温度时,将形成奥氏体。奥氏体的形成也是通过形核和长大来实现。此过程可分为奥氏体的形核、长大,残余渗碳体的溶解和奥氏体成分均匀化四个阶段,如图 9.28 所示。

亚共析钢和过共析钢的奥氏体形成过程与共析钢基本相同。但是,由于这两类钢的室温组织中除了珠光体以外,亚共析钢中还有先共析铁素体,过共析钢中还有先共析二次渗碳体,所以要想得到单一奥氏体组织,亚共析钢要加热到 A_{c3} 线以上,过共析钢要加热到 A_{ccm} 线以上,以使先共析铁素体或先共析二次渗碳体完成向奥氏体的转变或溶解。

影响奥氏体的转变因素很多,如加热温度、加热速度和原始组织等。加热温度越高,加热速度越快,形成奥氏体的速度越快;原始组织中钢的成分相同,组织越细,相界面越多,奥氏体形成的速度越快。

在这里必须要指出的是钢的奥氏体化的目的主要是获得成分均匀、晶粒细小的奥氏体组织,如果加热温度过高,或保温时间过长,将会促使奥氏体晶粒粗化。

(2)奥氏体晶粒的长大及其控制

奥氏体晶粒的大小将直接影响到随后冷却转变产物的晶粒大小及性能。加热时获得的奥氏

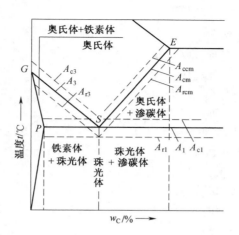

图　9.27

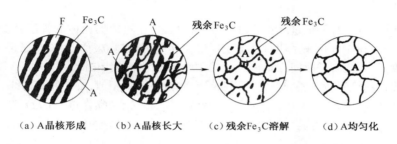

（a）A晶核形成　　（b）A晶核长大　　（c）残余Fe₃C溶解　　（d）A均匀化

图　9.28

体晶粒越细小,冷却转变的产物组织也越细小,性能会越好。

①奥氏体晶粒度。在奥氏体化刚完成时的奥氏体晶粒很细小(一般称为起始晶粒度),但随着加热温度的升高和保温时间延长,会出现晶粒长大的现象。在给定温度下的奥氏体晶粒度称为实际晶粒度。奥氏体晶粒的长大是通过晶界两侧原子的扩散、大晶粒吞并小晶粒来完成的。

本质晶粒度:是表示晶粒长大的倾向性,而不是实际晶粒大小的量度。

生产中,须经热处理的工件,一般都采用本质细晶粒钢制造。工业生产中,用锰铁、硅铁脱氧的钢为本质粗晶粒钢,如沸腾钢。用铝脱氧的钢为本质细晶粒钢,如镇静钢。

②奥氏体晶粒大小的控制:

● 合理选择加热温度和保温时间。加热温度越高,保温时间越长,奥氏体晶粒长得越大。通常加热温度对奥氏体晶粒长大的影响比保温时间更显著。

● 加热速度。当加热温度确定后,加热速度越快,奥氏体晶粒越细小。因此,快速高温加热和短时间保温,是生产中常用的一种细化晶粒方法。

● 钢中的成分。奥氏体中的碳含量增高时,晶粒长大的倾向增大。碳以未溶碳化物的形式存在,则它有阻碍晶粒长大的作用。钢中的大多数合金元素(除 Mn 以外)都有阻碍奥氏体晶粒长大的作用。其中能形成稳定碳化物(如 Cr、W、Mo、Ti、Nb 等)和能生成氧化物、氮化物的元素(如适量的 Al),因其碳化物、氧化物、氮化物在晶界上弥散分布,强烈阻碍奥氏体晶粒长大,而使晶粒保持细小。

因此,为了控制奥氏体的晶粒度,一般采取合理选择加热温度和保温时间,以及加入一定的合金元素等措施。

2）钢在冷却时的组织转变

常用的冷却方式通常有两种，即等温冷却和连续冷却。等温冷却即将钢件奥氏体化后，冷却到临界点（A_{r1}或A_{r3}）以下等温，待过冷奥氏体转变完成后再冷到室温的一种冷却方式，如图9.29曲线1所示，等温退火、等温淬火属于等温冷却；连续冷却即将钢件奥氏体化后，以不同的冷却速度连续冷却到室温，使过冷奥氏体在温度不断下降的过程中完成转变，如图9.29曲线2所示。为了分析奥氏体冷却时的转变规律，首先应掌握过冷奥氏体的转变曲线。

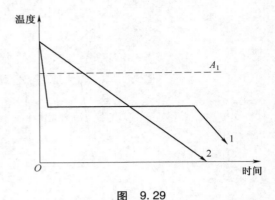

图 9.29
1—等温冷却曲线;2—连续冷却曲线

（1）过冷奥氏体的等温转变

在A_1温度以下的奥氏体处于不稳定状态，只能暂时存在于孕育期中，处于过冷状态，称为过冷奥氏体。过冷奥氏体的等温转变图（俗称TTT曲线）的建立现以共析钢为例来说明过冷奥氏体等温转变图的建立，如图9.30所示。因过冷奥氏体在不同过冷度下，转变所需时间相差很大，故图中用对数坐标表示时间。

①过冷奥氏体的等温转变图分析。由于曲线形状与字母C相似，故又称C曲线。

• 图中各特性线的含义。图中最上面一条水平虚线表示钢的临界点A_1（727 ℃），即奥氏体与珠光体的平衡温度。图中下方的一条水平线M_s（230 ℃）为马氏转变开始温度，M_s以下还有一条水平线M_f（-50 ℃）为马氏体转变终了温度。A_1与M_s线之间有两条C曲线，左侧一条为过冷奥氏体转变开始线，右侧一条为过冷奥氏体转变终了线。

• 图中各区域的含义。A_1线以上是奥氏体稳定区。M_s至M_f线之间的区域为马氏体转变区，过冷奥氏体冷却至M_s线以下将发生马氏体转变。过冷奥氏体转变开始线与转变终了线之间的区域为过冷奥氏体转变区，在该区域过冷奥氏体向珠光体或贝氏体转变。在转变终了线右侧的区域为过冷奥氏体转变产物区。A_1线以下、M_s线以上以及纵坐标与过冷奥氏体转变开始线之间的区域为过冷奥氏体区，过冷奥氏体在该区域内不发生转变，处于亚稳定状态。

• 孕育期。由图9.30可以看出，过冷奥氏体在各个温度的等温转变，并不是瞬间就开始的，而是有一段孕育期（转变开始线与纵坐标间的水平距离）。孕育期随转变温度的降低，先是逐渐缩短，而后又逐渐增长，在曲线拐弯处（又称"鼻尖"）约550 ℃左右，孕育期最短，过冷奥氏体最不稳定，转变速度最快。

②过冷奥氏体等温转变产物的组织和性能。

a. 珠光体型转变。转变温度为A_1~550 ℃。过冷奥氏体向珠光体转变是扩散型转变，要发生铁、碳原子的扩散和晶格的改组，其转变过程也是通过形核和核长大完成的。

珠光体（P）是铁素体和渗碳体的机械混合物，渗碳体呈层状分布在铁素体的基体上。等温转变温度愈低，层间距离愈小。按层片间距的大小，珠光体型组织可分为：珠光体（P）、索氏体（S）和托（或屈）氏体（T）。珠光体较粗，索氏体较细，屈氏体最细，如图4.4所示。

珠光体片层间距越小，相界面越多，塑性变形抗力越大，故强度、硬度越高。另外，由于片层间距越小，渗碳体越薄，越容易随铁素体一起变形而不脆断，因而塑性、韧性也有所提高。

b. 贝氏体型转变。贝氏体的转变是半扩散型相变，有碳原子扩散，铁原子不扩散。转变温度不同,形成的贝氏体组织形态也明显不同。通常将在 550~350 ℃ 间形成的称为上贝氏体(B_E);350 ℃~M_s 间形成的称为下贝氏体(B_F)两种。

贝氏体的力学性能与其形态有关。上贝氏体中铁素体片较宽,塑性变形抗力较低;同时,渗碳体分布在铁素体片层之间,容易引起脆断,因此,强度和韧性都较低,没有实用价值;下贝氏体中铁素体片细小,无方向性,碳的过饱和度大,碳化物分布均匀,所以硬度高,韧性好,具有较好的综合力学性能。

③影响过冷奥氏体等温转变的因素。凡是影响奥氏体稳定性的因素都能影响过冷奥氏体的等温转变,从而影响奥氏体等温转变图的位置和形状。

a. 碳的质量分数。如图 4.5 所示,在过冷奥氏体转变为珠光体之前,亚共

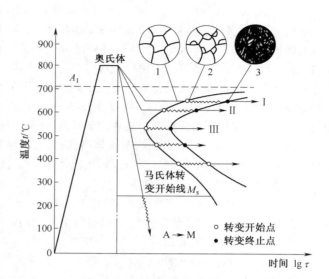

图　9.30

1—孕育期的显微组织;2—转变开始点 t_2 的显微组织;
3—转变终了点 t_3 时的显微组织

析钢有先共析铁素体析出,过共析钢有先共析渗碳体析出。因此,分别在奥氏体等温转变图左上部多了一条先共析铁素体析出线[见图 9.31(a)]和先共析渗碳体析出线[见图 9.31(b)]。

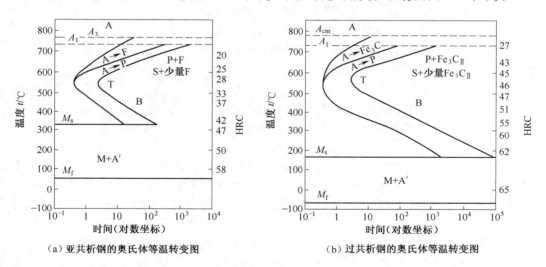

（a）亚共析钢的奥氏体等温转变图　　　　（b）过共析钢的奥氏体等温转变图

图　9.31

奥氏体中碳的质量分数不同,奥氏体等温转变图位置不同。在正常热处理加热条件下,亚共析钢随奥氏体碳的质量分数增加,奥氏体等温转变图逐渐右移,过冷奥氏体稳定性增高;过共析钢随奥氏体碳的质量分数增加,奥氏体等温转变图逐渐左移,过冷奥氏体稳定性减小;共析钢奥氏体等温转变图最靠右,过冷奥氏体最稳定。

b. 合金元素。大多数合金元素(除钴外)均能溶入奥氏体,使原子的扩散速度降低,奥氏体稳定性增大,使等温转变图位置右移,临界冷却速度减小,钢的淬透性提高。通常合金钢采用冷却能力较低的淬火冷却介质淬火(如油冷),就可以得到马氏体组织,从而减小零件的淬火变形和开裂倾向。合金元素不仅使等温转变图位置右移,而且对等温转变图形状也有影响。含有非碳化物形成元素及弱碳化物形成元素的低合金钢,其等温转变图形状与碳素钢相似,具有一个鼻尖。当碳化物形成元素溶入奥氏体后,由于它们对推迟珠光体转变与贝氏体转变的作用不同,使等温转变图明显地分为珠光体和贝氏体两个独立的转变区,而两个转变区之间形成了一个稳定的奥氏体区。

c. 加热温度和保温时间。加热温度越高,保温时间越长,奥氏体成分越均匀,晶粒也越粗大,晶界面积越少,使过冷奥氏体稳定性提高,奥氏体等温转变图右移。

(2)过冷奥氏体的连续冷却转变

①过冷奥氏体的连续冷却转变图(简称 CCT 曲线)。在实际生产中,如一般的退火、正火、淬火等,过冷奥氏体的转变大多数在连续冷却过程中完成的。所以,研究过冷奥氏体在连续冷却过程中的转变具有十分重要的意义。

a. 奥氏体连续冷却转变图及分析,如图 9.32 所示。

由图可知,连续冷却转变图只有等温转变图的上半部分,没有下半部分,即连续冷却转变时不形成贝氏体组织,且较奥氏体等温转变图向右下方移一些。图中 P_s 线为转变开始线;P_f 线为转变终止线;K 线为转变中止线,它表示当冷却速度线与 K 线相交时,过冷奥氏体不再向珠光体转变,一直保留到 M_s 点以下转变为马氏体。与连续冷却转变图转变开始线相切的冷却速度线 v_K,称为上临界冷却速度(又称马氏体临界冷却速度),它是获得全部马氏体组织的最小冷却速度。v_K' 称为下临界冷却速度,它是获得全部珠光体的最大冷却速度。

b. 奥氏体等温转变图在连续冷却转变中的应用。以共析钢为例,将连续冷却速度线画在奥氏体等温转变图上,根据与奥氏体等温转变图相交的位置,可估计出连续冷却转变的产物,如图 9.33 所示。

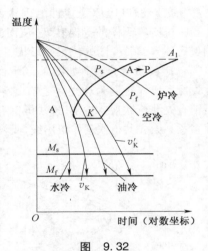

图 9.32

②CCT 曲线和 C 曲线的比较和应用。将相同条件奥氏体冷却测得的共析钢 CCT 曲线和 C 曲线叠加在一起,得到图 9.33,其中虚线为连续冷却转变曲线。从图中可以看出,连续冷却时,过冷奥氏体的稳定性增加,奥氏体完成珠光体转变的温度更低,时间更长。根据实验,等温转变速度大约是连续冷却的 1.5 倍。

连续冷却转变曲线能准确地反应不同冷却速度下,转变温度、时间及转变产物之间的关系,可直接用于制定热处理工艺规范,一般手册中的 CCT 曲线中除有曲线的形状和位置外,还给出某钢的几种不同冷却速度时,所经历的各种转变以及得到的组织和性能(硬度),还可以清楚地知道钢的临界冷却速度等。这是制定淬火方法和选择淬火介质的重要依据。与 CCT 曲线相比,C 曲线更容易测定,并可以用其制定等温退火、等温淬火等热处理工艺规范。目前 C 曲线的相关资料比较充分,而有关 CCT 曲线的资料则仍然缺乏,因此利用 C 曲线估算连续冷却转变产物的组织和性能,仍具有重要的现实意义。

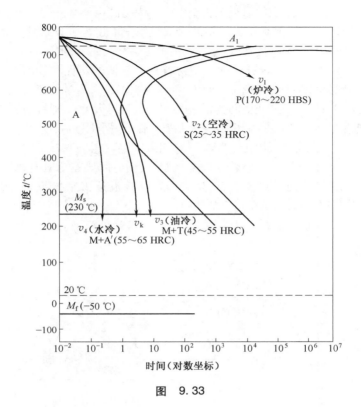

图　9.33

2. 钢的整体热处理

整体热处理是对工件整体进行穿透加热。常用方法有退火、正火、淬火和回火。

1)钢的退火与正火

(1)退火与正火的目的

在机器零件和工模具等工件的加工制造过程中,退火和正火经常作为预备热处理工序,安排在铸、锻、焊工序之后、切削(粗)加工之前,用以消除前一工序所带来的某些缺陷,为随后的工序做准备。例如,在铸造或锻造等热加工以后,钢件中不但存在残余应力,而且组织粗大不均匀,成分也有偏析,这样的钢件力学性能低劣,淬火时也容易造成变形和开裂。又如,在铸造或锻造等热加工以后,钢件硬度经常偏低或偏高,而且不均匀,严重影响切削加工性能。

退火和正火的主要目的有:

① 调整硬度以便进行切削加工;

②消除残余应力,防止钢件的变形、开裂;

③细化晶粒,改善组织以提高钢的力学性能;

④为最终热处理做好组织准备。

(2)退火工艺及应用

钢的退火是将钢件加热到适当温度,保温一定时间,然后缓慢冷却,以获得接近平衡组织状态的热处理工艺。

①完全退火与等温退火。完全退火是指将钢件完全奥氏体化(加热至 A_{c3} 以上 30~50 ℃)后,

随之缓慢冷却,获得接近平衡组织的退火工艺。生产中为提高生产率,一般随炉冷至 600 ℃ 左右,将工件出炉空冷。所谓"完全"是指退火时钢的内部组织全部进行了重结晶。通过完全退火来细化晶粒,均匀组织,消除内应力,降低硬度,便于切削加工,并为加工后零件的淬火作好组织准备。

完全退火的主要缺点:组织晶粒出现断口,材料具有较低的塑性和较高的硬度,机械加工困难,并且组织中会出现网状碳化物和魏氏体组织,降低材料的综合力学性能。

完全退火的用途:为缩短完全退火时间,生产中常采用等温退火工艺,即将钢件加热到 A_{c3} 以上 30~50 ℃(亚共析钢)或 A_{c1} 以上 10~20 ℃(共析钢、过共析钢),保温适当时间后,较快冷却到珠光体转变温度区间的适当温度并保持等温,使奥氏体转变为珠光体类组织,然后在空气中冷却的退火工艺。

等温退火与完全退火目的相同,但转变较易控制,所用时间比完全退火缩短约 1/3,并可获得均匀的组织和性能。特别是对某些合金钢,生产中常用等温退火来代替完全退火或球化退火。图 9.34 为高速工具钢完全退火与等温退火的比较。

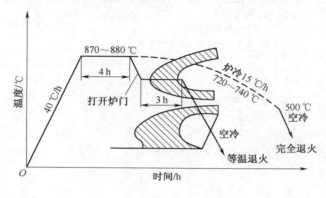

图 9.34

②球化退火。是指将共析钢或过共析钢加热到 A_{c1} 点以上 10~20 ℃,保温一定时间后,随炉缓冷至室温,或快冷到略低于 A_{r1} 温度,保温一段时间,然后炉空至 600 ℃ 左右空冷,使钢中碳化物球状化的退火工艺,如图 9.35 所示。

过共析钢及合金工具钢热加工后,组织中常出现粗片状珠光体和网状二次渗碳体,钢的硬度和脆性不仅增加,钢的切削性变差,且淬火时易产生变形和开裂。为消除上述缺陷,可采用球化退火,使珠光体中的片状渗碳体和钢中网状二次渗碳体均呈球(粒)状,这种在铁素体基体上弥散分布着球状渗碳体的复相组织,称为"球化体",如图 9.36 所示。

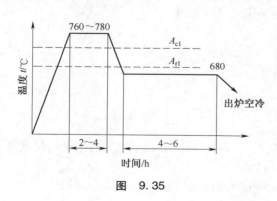

图 9.35

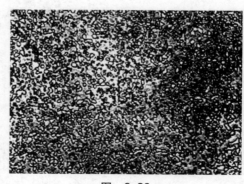

图 9.36

对于存在有严重网状二次渗碳体的钢,可在球化退火前,先进行一次正火。

③去应力退火。金属在冷形变后,内部会产生较大的应力,此时将金属加热至低于该金属的再结晶温度,以消除内应力,但仍保留冷作硬化效果的热处理,称为去应力退火,又称低温退火。在实际生产中,去应力退火工艺的应用比上述定义广泛得多,热锻轧、铸造、各种冷变形加工、切削或切割、焊接、热处理,甚至机器零部件装配后,在不改变组织状态,保留原先冷作、热作或表面硬化的条件下,对钢材或机器零部件进行较低温度的加热,以消除内应力,减小变形开裂倾向的工艺,都可称为去应力退火。去应力退火并不能完全消除工件内部的残余应力,要彻底消除残余应力,需将工件加热至更高温度。在这种条件下,可能会带来其他组织变化,危及材料的使用性能。通常在去应力退火时,工件一般缓慢加热至较低温度(灰口铸铁为 500~550 ℃,钢为 500~650 ℃,有色金属合金冲压件为再结晶开始温度以下),保持一段时间后,缓慢冷却,以防止产生新的残余应力。

④扩散退火(均匀化退火)。扩散退火又称均匀化退火,它是将钢锭、铸件或锻坯加热至略低于固相线的温度下长时间保温,然后缓慢冷却以消除化学成分不均匀现象的热处理工艺。扩散退火的目的是消除铸锭或铸件在凝固过程中产生的枝晶偏析及区域偏析,使成分和组织均匀化。为使各元素在奥氏体中充分扩散,扩散退火加热温度很高,通常为 A_{c3} 或 A_{cm} 以上 150~300 ℃,具体加热温度视偏析程度和钢种而定。碳钢一般为 1 100~1 200 ℃,合金钢一般为 1 200~1 300 ℃。保温时间也与偏析程度和钢种有关,通常可按最大有效截面积,以每截面厚度 25 mm 保温 30~60 min 或按每毫米保温 1.5~2.5 min 来计算。

由于扩散退火需要在高温下长时间加热,因此奥氏体晶粒十分粗大,需要再进行一次正常的完全退火或正火,以细化晶粒、消除过热缺陷。

(3)正火工艺及应用

正火是指将钢件加热到 A_{c3}(亚共析钢)或 A_{ccm}(过共析钢)以上 30~50 ℃,经保温后在空气中冷却的热处理工艺。

正火与退火的主要区别是正火冷却速度稍快,得到的组织较细小,强度和硬度有所提高,操作简便,生产周期短,成本较低。低碳钢和低碳合金钢经正火后,可提高硬度,改善切削加工性能(170~230 HBS 范围内金属切削加工性较好);对于中碳结构钢制作的较重要件,可作为预先热处理,为最终热处理做好组织准备;对于过共析钢,可消除网状二次渗碳体为球化退火做好组织准备。对于使用性能要求不高的零件,以及某些大型或形状复杂的零件,当淬火有开裂危险时,可采用正火作为最终热处理。

几种退火与正火的加热温度范围及热处理工艺曲线,如图 9.37 所示。

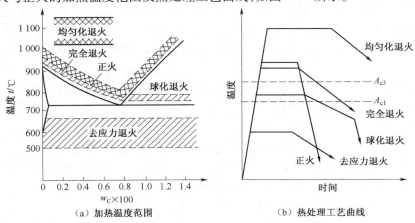

(a)加热温度范围　　　　　　(b)热处理工艺曲线

图　9.37

2）钢的淬火与回火

（1）淬火

是将钢加热至临界点（A_{c3} 或 A_{c1}）以上，保温后以大于 v_K 的速度冷却，使奥氏体转变成马氏体（或下贝氏体）的热处理工艺。

淬火的目的：为了得到马氏体组织，是钢的最主要的强化方式。

① 淬火工艺：

a. 淬火加热温度。在选择淬火加热温度时，应尽量使获得的组织硬度越大越好；获得的晶粒越小越好。

对于亚共析钢，淬火温度一般为 A_{c3} 以上 30~50 ℃，淬火后得到均匀细小的 M 和少量残余奥氏体，若淬火温度过低，则淬火后组织中将会有 F，使钢的强度、硬度降低；若加热温度超过 A_{c3} 以上（30~50 ℃），奥氏体晶粒粗化，淬火后得到粗大的 M，钢的力学性能变差，且淬火应力增大，易导致变形和开裂。

对于共析钢或过共析钢，淬火加热温度为 A_{c1} 以上 30~50 ℃，淬火后得到细小的马氏体和少量残留奥氏体（共析钢），或细小的马氏体、少量渗碳体和残留奥氏体（过共析钢），由于渗碳体的存在，钢硬度和耐磨性提高。若温度过高，如过共析钢加热到 A_{ccm} 以上温度，由于渗碳体全部溶入奥氏体中，奥氏体碳的质量分数提高，M_s 温度降低，淬火后残留奥氏体量增多，钢的硬度和耐磨性降低。此外，因温度高，奥氏体晶粒粗化，淬火后得到粗大的马氏体，脆性增大。若加热温度低于 A_{c1} 点，组织没发生相变，达不到淬火目的。碳钢淬火加热温度范围如图 9.38 所示。

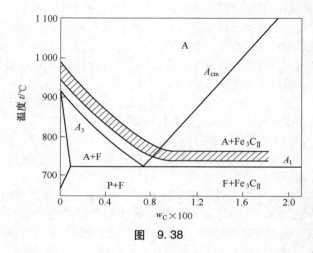

图 9.38

对于合金钢，由于大多数合金元素有阻碍奥氏体晶粒长大的作用，因而淬火加热温度比碳钢高，使合金元素在奥氏体中充分溶解和均匀化，以获得较好的淬火效果。

实际生产中，淬火加热温度的确定，尚需考虑工件形状尺寸、淬火冷却介质和技术要求等因素。

b. 淬火加热时间。加热时间包括升温和保温时间。通常以装炉后温度达到淬火加热温度所需时间为升温时间，并以此作为保温时间的开始；保温时间是指钢件烧透并完成奥氏体均匀化所需时间。

加热时间受钢件成分、形状、尺寸、装炉方式、装炉量、加热炉类型、炉温和加热介质等影响。

亚共析钢：$T = A_{c3} + (30 ~ 50 ℃)$

共析、过共析钢：$T = A_{c1} + (30 ~ 50 ℃)$

c. 淬火冷却介质。钢进行淬火时冷却是最关键的工序，淬火的冷却速度必须大于临界冷却速度，快冷才能得到马氏体，但快冷总会带来内应力，往往会引起工件的变形和开裂。那么，怎样才能既得到马氏体而又减小变形和开裂呢？理想的淬火冷却介质如图 9.39 所示。

生产中，常用的冷却介质是水、油、碱或盐类水溶液。

水是最常用的冷却介质，它有较强的冷却能力，且成本低，但其缺点是在 650~400 ℃ 范围内冷却能力不够强,而在 300~200 ℃范围内冷却能力又很大,因此常会引起淬火钢的内应力增大,导致工件变形开裂,因此,水在生产中主要用于形状简单、截面较大的碳钢零件的淬火。

如在水中加入盐或碱类物质,能增加在 650~400 ℃范围内的冷却能力,这对保证工件,特别是碳钢的淬硬是非常有利的,但盐水仍具有清水的缺点,即在 300~200 ℃范围内冷却能力很大,工件变形开裂倾向很大。常用的盐水浓度为 10%~15%,盐水对工件有锈蚀作用,淬火后的工件应仔细清洗。盐水比较适用于形状简单、硬度要求高而均匀、表面要求光洁、变形要求不严格的碳钢零件。

淬火常用的油有机油、变压器油、柴油等。油在 300~200 ℃范围内的冷却速度比水小,有利于减小工件变形和开裂,但油在 650~400 ℃范围内冷却

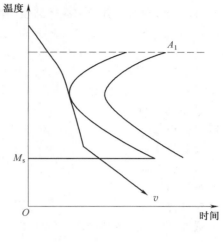

图　9.39

速度也比水小,不利于工件淬硬,因此只能用于低合金钢与合金钢的淬火,使用时油温应控制在 40~100 ℃内。

为了减少工件淬火时的变形,可采用盐浴作为淬火介质,如熔化的 $NaNO_3$、KNO_3 等。主要用于贝氏体等温淬火,马氏体分级淬火。其特点是沸点高,冷却能力介于水与油之间,常用于处理形状复杂、尺寸较小和变形要求严格的工件。

②淬火方法:

由于目前还没有理想的淬火介质,因而在实际生产中应根据淬火件的具体情况采用不同的淬火方法,力求达到较好的效果。常用的淬火方法如图 9.40 所示。

a. 单液淬火。这种方法操作简单,易实现机械化。通常形状简单、尺寸较大的碳钢件在水中淬火,合金钢件及尺寸很小的碳钢件在油中淬火。

b. 双液淬火。先浸入冷却能力强的介质中,在组织将要发生马氏体转变时立即转入冷却能力弱的介质中冷却的淬火工艺。常用的有先水后油,先水后空气等。此种方法操作时,如能控制好工件在水中停留的时间,就可有效地防止淬火变形和开裂,但要求有较高的操作技术。主要用于形状复杂的高碳钢件和尺寸较大的合金钢件。

c. 马氏体分级淬火。是将钢件浸入温度稍高

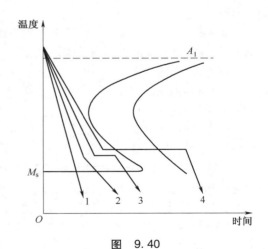

图　9.40
1—单液淬火;2—双液淬火;
3—马氏体分级淬火;4—等温淬火

或稍低于 M_s 点的盐浴或碱浴中,保持适当时间,待工件整体达到介质温度后取出空冷,以获得马氏体组织的淬火工艺,此法操作比双介质淬火容易控制,能减小热应力、相变应力和变形,防止开裂。主要用于截面尺寸较小(直径或厚度<12 mm)、形状较复杂工件的淬火。

d. 等温淬火。是将钢件加热到奥氏体化后,随之快冷到贝氏体转变温度区间保持等温,使奥

氏体转变为贝氏体的淬火工艺。此法淬火后应力和变形很小,但生产周期长,效率低。主要用于形状复杂、尺寸要求精确,并要求有较高强韧性的小型工、模具及弹簧的淬火。

e. 冷处理。为了尽量减少钢中残余奥氏体,以获得最大数量的马氏体,可采用冷处理,即把钢淬冷至室温后,继续冷却至-70~-80 ℃(或更低温度),保持一定时间,使残余奥氏体在继续冷却过程中转变为 M,这样可提高钢的硬度和耐磨性,并稳定钢件尺寸。获得低温的办法是采用干冰(固态 CO_2)和酒精的混合剂或冷冻机冷却。只有特殊的冷处理才置于-103 ℃的液化乙烯或-192 ℃的液态氮中进行。

③淬火缺陷:
- 变形与开裂;
- 氧化和脱碳;
- 过热和过烧。

3)钢的淬透性

淬透性是钢的主要热处理工艺性能,它对合理选用材料及正确制定热处理工艺,具有十分重要的意义。

(1)淬透性的概念

淬透性,从组织上讲,是指钢淬火时全部或部分地获得马氏体组织的难易程度;从硬度上讲,是指钢淬火时获得较深淬硬层或中心被淬硬(淬透)的能力。淬硬层越深,表明钢的淬透性越好。

从理论上讲,淬硬层深度应是工件整个截面上全部淬成马氏体的深度。但实际上,一般规定从工件表面向里至半马氏体区(马氏体与非马氏体组织各占一半处)的垂直距离作为有效淬硬层深度。用半马氏体处作淬硬层界限,只要测出截面上半马氏体硬度值的位置,即可确定出淬硬层深度。零件淬火所能获得的淬硬层深度是变化的,随钢的淬透性、零件尺寸和形状以及工艺规范的不同而变化。

实际淬火工作中,如果整个截面都得到马氏体,即表明工件已淬透。但大的工件经常是表面淬成了马氏体,而心部未得到马氏体,这是因为淬火时,表层冷却速度大于临界冷却速度 v_K 而心部小于 v_K 的缘故,如图 9.41 所示。

(2)淬透性的测定方法(简介)
- 末端淬火法;
- 临界直径(D)法。

(3)淬透性的实际意义

力学性能是机械设计中选材的主要依据,而钢的淬透性又会直接影响热处理后的力学性能。因此选材时,必须对钢的淬透性有充分了解。

对于截面尺寸较大和在动载荷下工作的许多重要零件,以及承受拉和压应力的连接螺栓、拉杆、锤杆等重要零件,常常要求零件的表面与心部力学性能一致,此时应选用高淬透性的钢制造,并要求全部淬透。

对于承受弯曲或扭转载荷的轴类、齿轮零件,其表面受力最大、心部受力最小,则可选用淬透性较低的钢种,只要求淬透层深度为工件半径或厚度的1/2~1/3即可。对于某些工件,不可选用淬透性高的钢。例如焊件,若选用高淬透性钢,易在焊缝热影响区内出现淬火组织,造成焊件变形开裂。

(4)淬火钢的回火转变

淬火后的钢组织为马氏体和少量的残余奥氏体,它们都是亚稳定组织,有自发转变为 $F+Fe_3C$

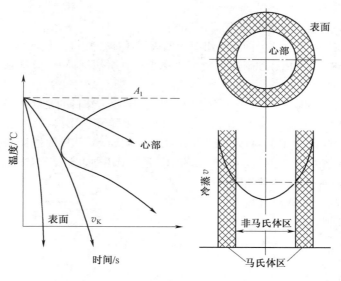

图 9.41

两相的平衡组织的倾向。淬火后的钢随着加热温度,发生如下转变:

①马氏体分解(100~350 ℃)。100 ℃以上回火时,马氏体中的碳开始以化学式为 $Fe_{2.4}C$ 的过渡型碳化物(称为 ε 碳化物)的形式析出,马氏体中碳的过饱和程度逐渐降低,到 350 ℃左右,α 相碳的质量分数降到接近平衡成分,马氏体分解基本结束,但此时 α 相仍保持针状特征。这种由过饱和度较低的 α 相与极细的 ε 碳化物组成的组织,称为回火马氏体。其显微组织如图 3-25 所示。由于 ε 碳化物析出,晶格畸变降低,淬火应力有所减小,但硬度基本不降低。

②残留奥氏体分解(200~300 ℃)。残留奥氏体从 200 ℃开始分解,到 300 ℃左右基本结束,转变为下贝氏体。在此温度范围内,马氏体仍在继续分解,因而淬火应力进一步减小,硬度无明显降低。

③碳化物转变(250~400 ℃)。250 ℃以上,ε 碳化物逐渐向稳定的渗碳体转变,到 400 ℃全部转变为高度弥散分布的、极细小的粒状渗碳体。因 ε 碳化物不断析出,此时 α 相的碳的质量分数降到平衡成分,即实际上已转变成铁素体,但形态仍为针状。于是得到由针状铁素体和极细小粒状渗碳体组成的复相组织,称为回火托氏体。此时,淬火应力基本消除,硬度降低。

④渗碳体聚集长大和 α 相再结晶(>400 ℃)。400 ℃以上,高度弥散分布的极细小粒状渗碳体逐渐转变为较大粒状渗碳体,到 600 ℃以上渗碳体迅速粗化。此外,在 450 ℃以上。α 相发生再结晶,铁素体由针状转变为块状(多边形)。这种在多边形铁素体基体上分布着粗粒状渗碳体的复相组织,称为回火索氏体。淬火应力完全消除,硬度明显下降。

由上可知,淬火钢回火时的组织转变,是在不同温度范围内进行的,但多半又是交叉重叠进行的,即在同一回火温度,可能进行几种不同的转变。淬火钢回火后的性能取决于组织变化,随着回火温度的升高,强度、硬度降低,而塑性、韧性提高。温度越高,其变化越明显。

(5)淬火钢件回火的目的

- 调整淬火钢的组织与性能,获得工件的使用性能。

- 稳定工件的尺寸,以保证工件在使用过程中不发生尺寸和形状的变化。

- 降低脆性,减少或消除内应力,防止工件变形开裂。

（6）回火的种类及应用

按回火温度的不同，可将回火分为以下3种：

①低温回火（150~250 ℃）。回火后组织为回火马氏体。其目的是减小淬火应力和脆性，保持淬火后的高硬度（58~64 HRC）和耐磨性。主要用于刃具、量具、模具、滚动轴承以及渗碳、表面淬火的零件。

②中温回火（350~500 ℃）。回火后组织为回火托氏体。其目的是获得高的弹性极限、屈服点和较好的韧性。硬度一般为35~50 HRC。主要用于各种弹簧、锻模等。

③高温回火（500~650 ℃）。回火后的组织为回火索氏体。其目的是获得强度、塑性、韧性都较好的综合力学性能，硬度一般为200~350 HBS。广泛用于各种重要结构件（如轴、齿轮、连杆、螺栓等），也可作为某些精密零件的预先热处理。

钢件淬火并高温回火的复合热处理工艺称为调质。钢经调质后的硬度与正火后的硬度相近，但塑性和韧性却显著高于正火。

（7）回火脆性

回火温度升高时，钢的冲击韧度变化规律如图9.42所示。由图可见，在250~350 ℃和500~650 ℃两个温度区间冲击韧度显著降低，也就是脆性增加，这种脆化现象称为回火脆性。

①低温回火脆性（又称第一类回火脆性）。低温回火脆性是指在250~350 ℃回火时出现的脆性。几乎所有工业用钢都有这类脆性。这类脆性的产生与冷却速度无关，为避免这类回火脆性，一般不在此温度回火。

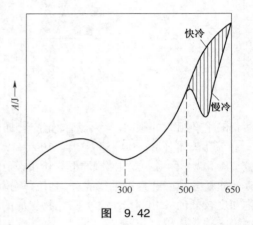

图 9.42

②高温回火脆性（又称第二类回火脆性）。高温回火脆性是指在500~650 ℃回火时出现的脆性。这类回火脆性具有可逆性，即将已产生此类回火脆性的钢，重新加热至650 ℃以上温度，然后快冷，则脆性消失；回火保温后缓冷，则脆性再次出现。这类回火脆性主要发生在含有 Cr、Ni、Si、Mn 等合金元素的结构钢。尽量减少钢中杂质元素的含量以及采用含 W、Mo 等的合金钢来防止第二类回火脆性。

3. 钢的表面热处理

表面热处理是指为改变工件表面的组织和性能，仅对工件表层进行的热处理工艺。

1）表面淬火

钢的表面淬火是将工件表面快速加热到淬火温度，迅速冷却，使工件表面得到一定深度的淬硬层，而心部仍保持未淬火状态的组织的热处理工艺。表面淬火的方法很多，目前广泛应用的有感应加热表面淬火、火焰加热表面淬火等。

2）感应淬火

感应淬火是指利用感应电流通过工件所产生的热量，使工件表层、局部或整体加热并快速冷却的淬火。

（1）感应淬火频率的选用

在生产中，根据对零件表面有效淬硬层深度的要求，选择合适的频率。

①高频感应淬火。常用频率为 200~300 kHz,淬硬层深度为 0.5~2 mm。主要用于要求淬硬层较薄的中、小模数齿轮和中、小尺寸轴类零件等。

②中频感应淬火。常用频率为 2 500~8 000 Hz,淬硬层深度为 2~10 mm。主要用于大、中模数齿轮和较大直径轴类零件。

③工频感应淬火。电流频率为 50 Hz,淬硬层深度为 10~20 mm。主要用于大直径零件(如轧辊、火车车轮等)的表面淬火和直径较大钢件的穿透加热。

④超高频感应淬火。电流频率一般为 20~40 kHz,它兼有高、中频加热的优点,淬硬层深度略高于高频,而且沿零件轮廓均匀分布。所以,它对用高、中频感应加热难以实现表面淬火的零件有着重要作用,适用于中小模数齿轮、花键轴、链轮等。

(2)感应淬火加热的特点

与普通加热淬火相比,感应加热表面淬火有以下特点:

①感应加热速度极快。一般只需要几秒至几十秒时间就可以达到淬火温度。

②工件表层获得极细小的马氏体组织,使工件表层具有比普通淬火稍高的硬度(高 2~3 HRC)和疲劳强度,且脆性较低。

③工件表面质量好。由于快速加热,工件表面不易氧化、脱碳且淬火时工件变形小。

④生产效率高。便于实现机械化、自动化,淬硬层深度也易控制。

上述特点使感应加热表面淬火得到广泛应用,但其工艺设备较贵,维修调整困难,不易处理形状复杂的零件。

感应淬火最适宜的钢种是中碳钢(如 40 钢、45 钢)和中碳合金钢(如 40Cr 钢、40MnB 钢等),也可用于高碳工具钢、含合金元素较少的合金工具钢及铸铁等。

一般表面淬火前应对工件正火或调质,以保证心部有良好的力学性能,并为表层加热作好组织准备。表面淬火后应进行低温回火,以降低淬火应力和脆性。

3)火焰淬火

火焰淬火是用气体燃料燃烧时产生的火焰,将工件表层加热到淬火温度,随后快速冷却的表面热处理方法。火焰淬火可获得高硬度的表层和有利的内应力分布,提高工件的耐磨性和疲劳强度。火焰淬火设备比较简单,淬硬层较深,可调范围广(一般在 2~8 mm)。

火焰淬火的优点是:

①设备简单、投资少、成本低。

②适用于单例或小批生产,也适用于大型工件的局部淬火要求,如大齿轮、轧辊、大型壳体(马达壳体)、导轨等。

③不易产生表面氧化与脱碳。

④不受现场环境与工件大小的限制,适用性广,操作简便。

缺点是:

①不易稳定地控制质量。

②大部分是手工操作和凭肉眼观察来掌握温度。表面容易烧化、过热与淬裂,很难达到均匀的淬火层与高的表面硬度。

③实现机械化流水生产较为困难。

4. 钢的化学热处理

化学热处理是指将工件置于适当的活性介质中加热、保温,使一种或几种元素渗入其表层,以改变化学成分、组织和性能的热处理工艺。

化学热处理的基本过程是:活性介质在一定温度下通过化学反应进行分解,形成渗入元素的活性原子;活性原子被工件表面吸收,即活性原子溶入铁的晶格形成固溶体或与钢中某种元素形成化合物;被吸收的活性原子由工件表面逐渐向内部扩散,形成一定深度的渗层。

目前常用的化学热处理有:渗碳、渗氮、碳氮共渗等。

1)渗碳

所谓渗碳是将工件放入渗碳气氛中,并在900~950 ℃的温度下加热、保温,以提高工件表层碳的质量分数并在其中形成一定的碳的质量分数梯度的化学热处理工艺。其目的是使工件表面具有高的硬度和耐磨性,而心部仍保持一定强度和较高的韧性。齿轮、活塞销等零件常采用渗碳处理。

(1)渗碳的方法

渗碳所用介质称为渗碳剂,根据渗碳剂的不同,渗碳的方法分为固体渗碳、气体渗碳、真空渗碳和液体渗碳等。

(2)渗碳用钢、渗碳后组织及热处理

渗碳用钢为低碳钢和低碳合金钢,碳的质量分数一般为 0.1% ~ 0.25%。碳的质量分数提高,将降低工件心部的韧性。

工件渗碳后其表层碳的质量分数通常为 0.85% ~ 1.05% 范围。渗碳缓冷后,表层为过共析组织,与其相邻为共析组织,再向里为亚共析组织的过渡层,心部为原低碳钢组织。

一般规定,从渗碳工件表面向内至碳的质量分数为规定值处(一般 $w_c = 0.4\%$)的垂直距离为渗碳层深度。工件的渗碳层深度取决于工件尺寸和工作条件,一般为 0.5~2.5 mm。

工件渗碳后必须进行适当的热处理,即淬火并低温回火,才能达到性能要求。渗碳件的热处理工艺有三种,如图 9.43 所示。

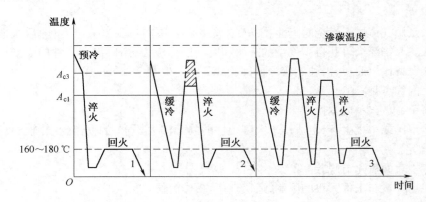

图　9.43
1—直接淬火;2——次淬火;3—二次淬火

①直接淬火法。先将渗碳件自渗碳温度预冷至某一温度(一般为850~880 ℃),立即淬入水或油中,然后再进行低温回火。预冷是为了减少淬火应力和变形。直接淬火法操作简便,不需重新加热,生产率高,成本低,脱碳倾向小。但由于渗碳温度高,奥氏体晶粒易长大,淬火后马氏体粗大,残留奥氏体也较多,所以工件耐磨性较低,变形较大。此法适用于本质细晶粒钢或受力不大,耐磨性要求不高的零件。

②一次淬火法。工件渗碳后出炉缓冷,然后再重新加热进行淬火、低温回火。由于工件在重新加热时奥氏体晶粒得到细化,因而可提高钢的力学性能。此法应用比较广泛。

③二次淬火法。第一次淬火是为了改善心部组织和消除表面网状二次渗碳体,加热温度为 A_{c3} 以上 30~50 ℃。第二次淬火是为细化工件表层组织,获得细马氏体和均匀分布的粒状二次渗碳体,加热温度为 A_{c1} 以上 30~50 ℃。二次淬火法工艺复杂,生产周期长,成本高,变形大,只适用于表面耐磨性和心部韧性要求高的零件或本质粗晶粒钢。

渗碳件淬火后应进行低温回火(一般 150~200 ℃)。直接淬火和一次淬火经低温回火后,表层组织为回火马氏体和少量渗碳体,二次淬火表层组织为回火马氏体和粒状渗碳体。渗碳、淬火回火后的表面硬度均为 58~64 HRC,耐磨性好,心部组织取决于钢的淬透性,低碳钢一般为铁素体和珠光体,硬度 137~183 HBS。低碳合金钢一般为回火低碳马氏体、铁素体和托氏体,硬度 35~45 HRC,并具有较高的强度、韧性和一定的塑性。

2)钢的氮化(渗氮)

它是指在一定温度(一般在 A_{c1})以下,使活性氮原子渗入钢件表面的化学热处理工艺。其目的是使工件表面获得高硬度、高耐磨性、高疲劳强度、高热硬性和良好耐蚀性,因氮化温度低,变形小,应用广泛。常用的氮化方法有:气体渗氮和离子渗氮。

(1)气体渗氮

它是利用氨气在加热时分解产生的活性氮原子渗入工件表面形成氮化层,同时向心部扩散的热处理工艺。常用方法是将工件放通有氨气的井式渗氮炉中,加热到 500~570 ℃,使氨气分解出活性氮原子[N],活性氮原子[N]被工件表面吸收,并向内部逐渐扩散形成渗氮层。

应用最广泛的渗氮用钢是 38CrMoAl 钢,钢中 Cr、Mo、Al 等元素在渗氮过程中形成高度弥散、硬度很高的稳定氮化物(CrN、MoN、AlN),使渗氮后工件表面有很高的硬度(1 000~1 200 HV,相当于72 HRC)和耐磨性,因此渗氮后不需再进行淬火。且在 600 ℃ 左右时,硬度无明显下降,热硬性高。

渗氮前零件须经调质处理,以保证心部的强度和韧性。对于形状复杂或精度要求较高的零件,在渗氮前精加工后还要进行消除应力的退火,以减少渗氮时的变形。

渗氮主要用于耐磨性和精度要求很高的精密零件或承受交变载荷的重要零件,以及要求耐热、耐蚀、耐磨的零件,如精密机床的主轴、蜗杆、发动机曲轴、高速精密齿轮等。但由于氮化温度低,所需时间特别长,一般氮化 30~60 h,才能获得 0.2~0.5 mm 的氮化层,因此限制了它的应用。

(2)离子氮化

它是一种较先进的工艺,是指在低真空的容器内,保持氮气的压强为 133.32~1 333.32 Pa,在400~700 V 的直流电压作用下,迫使电离后的氮离子高速冲击工件(阴极),被工件表面吸收,并逐渐向内部扩散形成渗氮层。

离子氮化的特点是:渗氮速度快,时间短(仅为气体渗氮的 1/5~1/2);渗碳层质量好,对材料的适应性强。

目前离子氮化已广泛应用于机床零件(如主轴、精密丝杠、传动齿轮等)、汽车发动机零件(如活塞销、曲轴等)及成型刀模具等。但对形状复杂或截面相差悬殊的零件,渗氮后很难同时达到相同的硬度和渗氮层深度。

3)碳氮共渗

是指在工件表面同时渗入碳和氮,并以渗碳为主的化学热处理工艺。其主要目的是提高工件表面的硬度和耐磨性。常用的是气体碳氮共渗。

碳氮共渗后要进行淬火、低温回火。共渗层表面组织为回火马氏体、粒状碳氮化合物和少量残留奥氏体,渗层深度一般为 0.3~0.8 mm。气体碳氮共渗用钢,大多为低碳或中碳的碳钢、低合金钢及合金钢。

第十章
金属材料的选用

第一节　钢铁材料的选用

钢铁材料又称黑色金属材料,是以铁和碳为主要组成的铁碳合金。工程上一般把以碳为主要添加元素的铁碳合金称为黑色金属,如铁、铁合金、钢、合金钢等。黑色金属中最主要的就是生铁和钢,它们都是以铁为基础的铁碳合金,通常把碳含量>2.11%的归类于铁,碳含量<2.11%的归类于钢。实际生产中当碳含量介于1.2%~2.5%的铁由于脆性较大,不实用,一般不进行工业生产。

1．铁及其分类

采用冶炼方法用铁矿石提炼出铁碳合金时,当碳含量>2.11%时,称为铁。工业生铁含碳量一般在2.5%~4.0%,并含Si、Mn、S、P等元素,是用铁矿石经高炉冶炼的产品。

生铁是高炉产品,可分为普通生铁和合金生铁,普通生铁包括炼钢生铁和铸造生铁,合金生铁主要是锰铁和硅铁。合金生铁作为炼钢的辅助材料,在炼钢时做钢的脱氧剂和合金元素添加剂用。生铁是含碳量为2.11%~6.67%并含有非铁杂质较多的铁碳合金。生铁的杂质元素主要是硅、硫、锰、磷等。

1）生铁的分类

根据生铁中碳存在形态的不同,又可分为炼钢生铁、铸造生铁和球墨铸铁等几种。炼钢生铁中的碳主要以碳化铁的形态存在,其断面呈白色,通常又称白口铁。这种生铁性能坚硬而脆,一般都用作炼钢的原料。此外,还有含硅、锰、镍或其他元素量特别高的生铁,称为合金生铁,如硅铁、锰铁等,常用作炼钢的原料。在炼钢时加入某些合金生铁,可以改善钢的性能。铸造生铁中的碳以片状的石墨形态存在,它的断口为灰色,通常又称灰口铁。由于石墨质软,具有润滑作用,因而铸造生铁具有良好的切削、耐磨和铸造性能。但它的抗拉强度不够,故不能锻轧,只能用于制造各种铸件,如铸造各种机床床座、铁管等。球墨铸铁里的碳以球形石墨的形态存在,其机械性能远胜于灰口铁而接近于钢,它具有优良的铸造、切削加工和耐磨性能,有一定的弹性,广泛用于制造曲轴、齿轮、活塞等高级铸件以及多种机械零件。顾名思义,炼钢生铁主要用作炼钢,一般不直接作为工程材料使用,故下面主要对铸造生铁和球墨铸铁进行介绍。

2）铸造生铁

由于铸造生铁含有的杂质含量较大，日常生活中并不直接应用，而是将铸造生铁（部分炼钢生铁）在炉中重新熔化，并加进铁合金、废钢、回炉铁调整成分而得到，此时得到的铁材料称为铸铁。与生铁的区别是铸铁是生铁经过二次加工。铸铁件具有优良的铸造性可制成复杂零件，一般有良好的切削加工性。另外具有耐磨性和消震性良好，价格低等特点。

根据碳在铸铁中存在的形态不同，通常可将铸铁分为白口铸铁、灰口铸铁及麻口铸铁。

（1）麻口铸铁

简称麻口铁。铸铁中的碳既以渗碳体形式存在，又以石墨状态存在，断口夹杂着白亮的游离渗碳体和暗灰色的石墨。麻口铸铁一般是由于组织成分不当和冷却速度过快等原因造成的，麻口铸铁不易加工，性能也不好，故生产中应避免出现麻口组织。

（2）白口铸铁

白口铸铁中的碳全部以渗透碳体（Fe_3C）形式存在，因断口呈亮白色。故称白口铸铁，由于有大量硬而脆的 Fe_3C，白口铸铁硬度高、脆性大、很难加工。因此，在工业应用方面很少直接使用，只用于少数要求耐磨而不受冲击的制件，如拔丝模、球磨机铁球等。大多用作炼钢和可锻铸铁的坯料。

可锻铸铁是用碳、硅含量较低的铁碳合金铸成白口铸铁坯件，再经过长时间高温退火处理，使渗碳体分解出团絮状石墨而成，即可锻铁是一种经过石墨化处理的白口铸铁。可锻铸铁按热处理后显微组织不同分两类；一类是黑心可锻铸铁和珠光可锻铸铁。表 10.1 列出了可锻铸铁的牌号、力学性能和应用举例。

表　10.1

分类	牌号	试棒直径 d /mm	抗拉强度 σ_b/MPa	伸长率 δ / %	硬度/HBS	应用举例
铁素体可锻铸铁	KTH300-6	16	300	6	120~163	弯头、三通等管件
	KTH330-8	16	330	8	120~163	螺丝扳手、车轮壳等
珠光体可锻铸铁	KTZ450-5	16	450	5	152~219	曲轴、凸轮轴、连杆、齿轮、活塞环、轴套、万向节头、棘轮、扳手等
	KTZ500-4	16	500	4	179~241	

表 10.1 中，KHT 和 KTZ 分别为铁素体基体可锻铸铁和珠光体基体可锻铸铁的代号，代号后面的第一个数字表示该铸铁的抗拉强度，第二个数字表示表示该铸铁的最低伸长率。如 KTH300-6 中的 300 表示该铸铁抗拉强度是 300 MPa，第二个数字 6 表示最低伸长率为 6%。

（3）灰口铸铁

铸铁中的碳大部或全部以自由状态片状石墨存在。断口呈灰色。它具有良好的铸造性能，切削加工性好，减磨性、耐磨性好，加上它熔化配料简单、成本低，广泛用于制造结构复杂铸件和耐磨件。

灰口铸铁按基体组织不同，分为铁素体基灰口铸铁、珠光体-铁素体基灰口铸铁和珠光体基灰口铸铁三类。

在以上三种铸铁中，灰口铸铁内存在片状石墨，而石墨是一种密度小，强度低、硬度低、塑性和韧性趋于零的组分。它的存在如同在钢的基体上存在大量小缺口，即减少承载面积，又增加裂纹源，所以灰口铸铁强度低、韧性差，不能进行压力加工。为改善其性能，浇注前在铁水中加入一定量的硅铁、硅钙等孕育剂,使珠光体基体细化,石墨变细小而均匀分布,经过这种孕育处理的铸铁称为孕育铸铁。灰口铸铁没有经过孕育处理,称为普通灰口铸铁,而经过孕育处理的灰口铸铁称为孕育铸铁。就目前来说,灰口铸铁价格便宜,性价比高,使其成为应用最广泛的铸铁材料,在各类铸铁总产量中,灰铸铁占80%以上。灰口铸铁的牌号、性能组织及应用举例见表10.2。

表 10.2

分类	牌号	试棒直径/mm	抗拉强度 σ_b/MPa	抗压强度 be/MPa	硬度/HBS	应用举例
普通灰口铸铁	HT100	30	100	500	143~229	简单设备底座
	HT150	30	150	650	163~229	轴承座、管子及附件、手轮、一般机床的床底、床身、工作台
	HT200	30	200	750	170~241	气缸、齿轮、底座、缸体联轴器、齿轮箱外壳、飞轮、齿条、阀门的壳体
孕育灰口铸铁	HT250	30	250	1 000	170~241	阀门壳、油缸、气缸、缸体联轴器、机体、齿轮、齿轮箱外壳、飞轮
	HT350	30	350	1 200	197~269	齿轮、凸轮、车床卡盘、剪床、压力机机身、自动车床、高压液压筒、液压泵、滑阀壳体
	HT400	30	400	—	207~269	

灰口铸铁牌号中 HT 表示"灰口铸铁",是"灰铁"汉语拼音的首字母,后面的数字表示该灰铁的最低抗拉强度。如 HT200 中,HT 表示"灰口铸铁",200 表示该铸铁的最低抗拉强度为 200 MPa。

3)球墨铸铁

球墨铸铁是 20 世纪 50 年代发展起来的一种高强度铸铁材料,其综合性能接近于钢,因铸造性能很好、成本低廉、生产方便,基于其优异的性能,已成功地用于铸造一些受力复杂,强度、韧性、耐磨性要求较高的零件。近年来球墨铸铁已迅速发展成为仅次于灰口铸铁的、应用十分广泛的铸铁材料。所谓"以铁代钢",主要指的就是球墨铸铁。

(1)球墨铸铁的成分和球化处理

球墨铸铁的成分要求比较严格,一般成分范围是:C 的质量分数为 3.6%~3.9%,Si 的质量分数为 2.0%~2.8%,Mn 的质量分数为 0.6%~0.8%,S 的质量分数小于 0.07%,P 的质量分数小于 0.1%。与灰口铸铁相比,它的碳含量较高,一般为共晶成分,通常碳含量在 4.5%~4.7% 范围内变动,以利于石墨化。

生产球墨铸铁时,在铁水浇注前加一定量的球化剂(常用的有硅铁、镁等)使铸铁中石墨球化。国外使用的球化剂主要有金属镁,实践证明,铁液中 Mg 的质量分数为 0.04%~0.08% 时,石墨就能完全球化。球化后,由于碳(石墨)以球状存在于铸铁基体中,改善其对基体的割裂作用,球墨铸铁的抗拉强度、屈服强度、塑性、冲击韧性大大提高。并具有耐磨、减振、工艺性能好、成本低等优点,现已广泛替代可锻铸铁及部分铸钢、锻钢件,如曲轴、连杆、轧辊、汽车后桥等。

（2）球墨铸铁的牌号和力学性能

从表10.3可以看出,球墨铸铁的抗拉强度远远超过灰口铸铁,而且与钢相当。其突出的特点是屈强比($\sigma_{0.2}/\sigma_b$)高,球墨铸铁的屈强比达到0.7~0.8,而钢一般只有0.3~0.5,在一般的机械设计中,材料的许用应力是根据屈服强度$\sigma_{0.2}$来确定的,因此对于承受静载荷的零件,使用球墨铸铁意味着比使用铸钢还要节省材料,得到的构件质量也更小。

表 10.3

材料	基体	屈服强度 $\sigma_{0.2}$/MPa	抗拉强度 σ_b/MPa	伸长率 δ/%	硬度 /HBS	应用举例
QT400-17	铁素体	250	400	17	≤179	汽车、拖拉机的底盘零件;16~64 大气压阀门的阀体、阀盖
QT420-10	铁素体	270	420	10	≤207	
QT500-5	铁素体+珠光体	350	500	5	147~241	机油泵齿轮
QT600-2	珠光体	420	600	2	229~302	柴油机、汽油机的曲轴;磨床、铣床、车床的主轴;空压机、冷冻机的缸体、缸套
QT700-2	珠光体	490	700	2	229~302	
QT800-2	珠光体	560	800	2	241~321	
QT1200-1	下贝氏体	840	1 200	1	HRC≥38	汽车、拖拉机的传动齿轮

2. 钢及其分类

钢是用生铁(炼钢生铁)或生铁加一部分废钢炼成的,钢中含碳量低于2.11%,并使其杂质(主要指S、P)含量降低到规定标准。钢的主要元素除铁、碳外,还有硅、锰、硫、磷等。钢的分类方法多种多样,其主要方法有如下几种:

1）按钢材的质量等级分类

在长期的生产实践和科学研究中发现,钢材中的硫（S）、磷（P）含量对钢材的力学性能产生较大的影响,过高的硫会引起钢材的热脆性,而过高的磷会引起钢材的冷脆性,所以根据钢材中硫和磷的含量,把钢材的质量分为普通钢($w_P \leq 0.045\%$,$w_S \leq 0.055\%$),优质钢($w_P \leq 0.035\%$,$w_S \leq 0.035\%$),和高级优质钢($w_P \leq 0.035\%$,$w_S \leq 0.030\%$)。从上面的分类可以看出,微量的硫、磷都能对钢材的品质产生较大的影响,硫、磷是在钢材的冶炼过程中的主要控制元素。

2）按钢材的化学成分分类

化学成分上,若钢材只含有铁、碳两种主元素,此类钢材虽还含有少量的硅、锰、硫、磷等其他元素,但这些元素的存留大多是由于冶炼技术而非人为故意添加的原因,则称此种钢材为碳素钢。与碳素钢相对应,为了改善钢材的力学性能而人为添加进一些合金元素,此时的钢材称为合金钢。钢材从化学成分上可以分为两大类,分别为碳素钢和合金钢。

（1）碳素钢

碳素钢中只有铁、碳两种主元素,所以碳素钢又称含碳量小于2.11%的铁碳合金,从中也可看出碳是碳素钢中的主要成分,这也为钢材的分类提供了另外一种依据,就是根据钢材的含碳量把碳素钢分为低碳钢($w_C \leq 0.25\%$),中碳钢($0.25 \leq w_C \leq 0.60\%$)和高碳钢($0.60\% \leq w_C \leq 1.2\%$)。

（2）合金钢

为了改善碳素钢的性能,在碳素钢的基础上再添加适量的其他元素炼制成的钢称为合金钢。根据合金钢中合金元素的总量,合金钢又可以分为低合金钢、中合金钢和高合金钢,一般而言合金元素总量低于 5% 的称为低合金钢,5% ~ 10% 的称为中合金钢,大于 10% 的称为高合金钢。

3）按钢材的金相组织进行分类

钢按金相组织分类。在退火状态下,可将钢分为亚共析钢、共析钢、过共析钢;其中亚共析钢的金相组织为铁素体和珠光体;共析钢的金相组织为珠光体;过共析钢的金相组织为珠光体和渗碳体。在正火状态下,可将钢分为珠光体钢、贝氏体钢、奥氏体钢。珠光体钢是具有珠光体和铁素体显微组织的钢;贝氏体钢是使用状态下基体的金相组织为贝氏体的一类钢。奥氏体钢是正火后具有奥氏体组织的钢,奥氏体钢在冶炼中加入了合金元素（如 Ni、Mn、N、Cr 等）,能使正火后的金属具有稳定的奥氏体金相组织。

3. 钢的牌号

1）碳素钢

普通碳素结构钢:

按照国家标准《碳素结构钢》（GB/T 700—2006）的规定,碳素结构钢的牌号以钢材最低屈服强度表示。这类钢材冶炼工艺简单,大大降低了冶炼成本,钢材含有较多的有害杂质及非金属夹杂,但其价格低廉,加工工艺性能好,并且力学性能也能满足一般工程结构及普通零部件的需求,因此在日常生活中得到广泛的应用,用量约占钢材总用量的 80%。

（1）普通碳素结构钢的牌号表示方法

普通碳素结构钢的牌号由字母 Q+数字+质量等级符号+脱氧方法符号组成。它的钢号冠以"Q",是钢材屈服强度中"屈"字汉语拼音的首字母"Q",所以牌号中的"Q"代表钢材的屈服点,后面的数字表示屈服点数值。必要时钢号后面可标出表示质量等级和脱氧方法的符号。质量等级符号分别为 A、B、C、D,其中 A 表示该钢材不做冲击实验;B 表示做常温冲击试验机,V 形缺口;C 表示作为重要焊接结构;D 表示做低温冲击试验及重要焊接结构用。脱氧方法符号:F 表示沸腾钢;b 表示半镇静钢;Z 表示镇静钢;TZ 表示特殊镇静钢,镇静钢可不标符号,即 Z 和 TZ 都可不标。碳素结构钢力学性能及应用举例见表 10.4。

表 10.4

材料	质量等级	屈服强度 σ_s/MPa	抗拉强度 σ_b/MPa	伸长率 δ/%	应用举例
Q195	—	195	315~390	33	
Q215	A B	215	335~410	31	用于制造受力较小的零件,如螺钉、螺母、垫圈等
Q235	A B C D	235	375~460	26	
Q255	A B	255	410~510	24	用于制造承受中等载荷的零件,如小轴、销子、连杆等
Q275	—	275	190~610	20	

在表 10.4 中，Q235 表示屈服点（σ_s）为 235 MPa 的碳素结构钢。钢号中还可以把质量等级和钢材的脱氧方法表示出来，如 Q215-AF，表示该钢材最低屈服强度为 215 MPa，质量等级为 A 级的沸腾钢。

（2）优质碳素结构钢

优质碳素结构钢含有的有害杂质 P、S 及非金属夹杂物比较少，组织的均匀性及表面质量都比较好，同时具有较好的力学性能。这类钢材的产量较大，价格便宜，力学性能较好，广泛用于制造各种机械零件和结构件。

优质碳素结构钢的钢号开头的两位数字表示钢的碳含量，以平均碳含量的万分之几表示，例如"45 钢"平均碳含量为 0.45% 的钢，钢号为"45"，但"45"它不是顺序号，所以不能读成 45 号钢。万分之几的碳含量不足两位数时，前面补"0"，并且从 10 钢开始，含碳量每上升万分之"5"，变化一个钢号，如 10 钢、15 钢、20 钢等。若数字后面带"F"，则表示为沸腾钢。优质碳素结构钢还因为钢中含锰量的不同，而有不同的表示方法，分为普通含锰量（0.35% ~ 0.8%）和较高含锰量（0.7% ~ 1.2%）两组。当为较高含锰量一组时，其钢号后面加上"Mn"，如 15Mn、20Mn 等。优质碳素结构钢的牌号、化学成分、力学性能及应用举例见表 10.5。

表　10.5

钢号	化学成分（质量分数）/%					最低力学性能			应用举例
	C	Si	Mn	P	S	σ_s/MPa	σ_b/MPa	伸长率 δ/%	
08F	0.05~0.11	≤0.03	0.25~0.50	≤0.035	≤0.035	295	175	35	受力不大但要求高韧度的冲压件、焊接件、紧固件，如螺母、垫圈等
08	0.05~0.12	0.17~0.37	0.35~0.65	≤0.035	≤0.035	325	195	33	
10	0.07~0.14	0.17~0.37	0.35~0.65	≤0.035	≤0.035	335	205	31	
15	0.12~0.19	0.17~0.37	0.35~0.65	≤0.035	≤0.035	375	225	27	渗碳淬火后强度要求不高的受磨零件，如凸轮、滑块、活塞销等
20	0.17~0.24	0.17~0.37	0.35~0.65	≤0.035	≤0.035	410	245	25	
15Mn	0.12~0.19	0.17~0.37	0.7~1.0	≤0.035	≤0.035	410	245	26	应用范围与普通含锰量的优质碳素结构钢相同
20Mn	0.17~0.24	0.17~0.37	0.7~1.0	≤0.035	≤0.035	450	275	24	

2）碳素工具钢

碳素工具钢用于制造各种刀具、磨具和量具，故称为工具钢。由于要求具有很好的硬度和耐磨性，所以工具钢中碳含量也较高。工具钢中碳的质量分数为 0.65% ~ 1.35%，且根据里面 S、P 的含量又可以分为优质碳素工具钢和高级优质碳素工具钢。其钢号冠以"T"，以免与其他钢种相混淆。"T"后面接上数字表示"C"的平均质量分数，以千分之几表示。如"T8"表示平均碳含量为 0.8%。锰含量较高者，在钢号最后标出"Mn"，如 T8Mn。高级优质碳素工具钢的磷、硫含量，比一般优质碳素工具钢低，在钢号最后加注字母"A"，以示区别，如 T8MnA。碳素工具钢的牌号、化学成分、力学性能及应用举例见表 10.6。

3）铸钢

工程上的碳素铸钢的 C 含量质量分数为 0.2% ~ 0.6%，因为含碳量过高，则塑性不好，凝固时易产生裂纹。铸钢的牌号、化学成分、力学性能及应用举例见表10.7。

表 10.6

牌号	化学成分 w/%			退火状态硬度 HBS(≥)	淬火状态 HRC(≥)	硬度	应用举例
	C	Si	Mn				
T7～T7A	0.65～0.74	≤0.35	≤0.40	187	800～820 ℃ 水冷	62	承受冲击、韧性较好、硬度适当的工具,如手钳、大锤等
T8～T8A	0.75～0.84	≤0.35	≤0.40	187	780～800 ℃ 水冷	62	承受冲击、要求较高硬度的工具,如冲头、压缩空气工具、木工工具等
T8Mn～T8AMn	0.80～0.90	≤0.35	0.40～T0.60	187	780～800 ℃ 水冷	62	同上,但淬透性较大,可制造截面积较大的工具
T9～T9A	0.85～0.94	≤0.35	≤0.40	192	760～780 ℃ 水冷	62	韧性中等、硬度高的工具,如冲头、木工工具等
T10～T10A	0.95～1.04	≤0.35	≤0.40	197	760～780 ℃ 水冷	62	不受剧烈冲击,高硬度、耐磨的工具,如车刀、刨刀、冲头、丝锥、手锯条等
T11～T11A	1.05～1.14	≤0.35	≤0.40	207	—	—	不受剧烈冲击,高硬度、耐磨的工具,如车刀、刨刀、冲头、丝锥等

表 10.7

牌号	C	Si	Mn	P	S	σ_s /MPa	σ_b /MPa	δ /%	应用举例
	≤					≥			
ZG200～400	0.20	0.50	0.80	0.04	0.04	200	400	25	用于受力不大,要求不高的零件,如机座、变速器体等
ZG230～450	0.30	0.50	0.90	0.04	0.04	230	450	22	用于受力不大,要求韧性好的零件,如外壳、轴承盖、底板、阀体等
ZG270～500	0.40	0.30	0.90	0.04	0.04	270	500	18	用作轧钢机机架、轴承座、连杆、曲轴等
ZG310～570	0.50	0.60	0.90	0.04	0.04	310	570	15	用于载荷较高的零件,如大齿轮、缸体、制动鼓等
ZG340～640	0.60	0.60	0.90	0.04	0.04	340	640	10	用作齿轮、棘轮

铸钢的牌号用"铸钢"汉语拼音的大写首字母"ZG"来表示,后面接的数字分别表示该铸钢的屈服强度和抗拉强度。如"ZG230-450"表示"铸钢",该铸钢的屈服强度 σ_s 为 230 MPa,抗拉强度为450 MPa。

4)合金钢

合金钢的牌号有很多种,下面主要以合金结构钢为例进行讲解。合金结构钢按可以分为合金渗碳钢、合金调质钢、合金弹簧钢、滚动轴承钢。合金结构钢的钢号符合以下规则:

● 钢号开头的两位数字表示钢的碳含量,以平均碳含量的万分之几表示,如 40Cr。表示含 C 万分之 40,就是含碳量为 0.4%。

● 高级优质钢应在钢号最后加"A",以区别于一般优质钢。

● 钢中主要合金元素,除个别微合金元素外,一般以百分之几表示。当平均合金含量<1.5%时,钢号中一般只标出元素符号,而不标明含量,但在特殊情况下易致混淆者,在元素符号后亦可标以数字"1",例如钢号"12CrMoV"和"12Cr1MoV",前者铬含量为 0.4%～0.6%,后者为 0.9%～1.2%,其余成分全部相同。当合金元素平均含量≥1.5%、≥2.5%、≥3.5%……时,在元素符号后面应标明含量,可相应表示为2、3、4等。例如 18Cr2Ni4WA。

（1）合金渗碳钢

合金渗碳钢实际就是碳素钢中加入合金元素所形成的钢种,其 C 的质量分数一般为 0.1%～0.25%,属于低碳钢,为的是保证渗碳零件心部有较高的韧性。在合金渗碳钢中主加的合金元素为Cr、Mn、Ni、B 等,其主要作用是提高钢的淬透性。合金渗碳钢零件经渗碳、淬火和回火后,零件表面具有较高的硬度和耐磨性,而心部具有较高的韧性和足够强度。

（2）合金调质钢

合金调质钢的质量分数介于 0.21%～0.45%,属于中碳钢,含碳量过低不易淬硬,回火后强度不足;含碳量过高则韧性不足,合金调质钢较之于碳素调质钢,由于合金元素的强化作业,相当于替代了一部分碳量,故碳含量偏低,调质钢的主加元素为 Mo、W、V、Al 等,主要作用是提高钢的淬透性。调质后的组织为回火马氏体,具有较好的综合力学性能。

（3）合金弹簧钢

合金弹簧钢是用生产各种板簧和螺旋弹簧或类似零件(如轧辊等)的钢材。弹簧是一种能产生大量弹性变形的结构零件,通过弹簧的弹性变形,可以吸收冲击能量、缓和冲击和震动的作用,因此对弹簧钢的要求必须有高的强度,特别是高的屈服强度和疲劳强度;要不易脱碳,有良好的表面质量,具有一定的淬透性和良好的工艺性能。有的弹簧还要求耐热、耐腐蚀等。

（4）滚动轴承钢

滚动轴承钢又称轴承钢。主要用来制造滚动轴承内外套圈、滚珠、滚粒、保持架等,但在量具、冷作模具、低合金刀具、柴油机高压油泵件等方面也有广泛应用。轴承钢种类较多有较多高碳铬、渗碳、不锈、高温、无磁轴承钢。

钢号冠以字母"G",表示滚动轴承钢类。高碳铬轴承钢钢号的碳含量不标出,铬含量以千分之几表示,如 GCr15。

第二节　有色金属材料

有色金属又称非铁金属,指除黑色金属外的金属和合金,其中除少数有颜色外(铜为紫红色、

金为黄色),大多数为银白色,有色金属有 60 多种,又可分为九大类:

- 重金属:铜、铅、锌等;
- 轻金属:铝、镁等;
- 轻稀有金属:锂、铍等;
- 难熔稀有金属:钨、钛、钒等;
- 稀散金属:镓、锗等;
- 稀土金属:钪、钇及镧系元素等;
- 放射性金属:镭、钢等;
- 贵金属:金、银、铂等;
- 碱金属:钾、钠等。

1. 有色金属的命名原则

有色金属及合金产品牌号的命名,规定以汉语拼音字母或国际元素符号作为主题词代号,表示其所属大类,如用 L 或 Al 表示铝,T 或 Cu 表示铜。主题词以后,用成分数字顺序结合产品类别来表示。即主题词之后的代号可以表示产品的状态、特征或主要成分。例如:

LF 为防(F)锈的铝(L)合金;

LD 为锻(D)造用的铝(L)合金;

LY 为硬(Y)的铝(L)合金,这三种合金的主题词是铝合金(L)。因此,产品代号是由国家标准规定的主题词汉语拼音字母、化学元素符号及阿拉伯数字相结合的方法来表示。常用有色金属和合金元素的名称及代号见表 10.8。

表 10.8

名 称	代 号		名 称	代 号	
	化学元素符号	汉语拼音字母代号		化学元素符号	汉语拼音字母代号
铜	Cu	T	锌	Zn	—
铝	Al	L	铅	Pb	—
镁	Mg	M	锡	Sn	—
镍	Ni	N	锑	Sb	—
钛	Ti	T	金	Au	—
黄铜	—	H	银	Ag	—
青铜	—	Q	镉	Cd	—
白铜	—	B	铍	Be	—

常用有色金属及合金产品的状态、加工方法、特征代号,采用规定的汉语拼音字母表示。如热加工的 R(热),淬火的 C(淬),不包铝的 B(不),细颗粒的 X(细)等。但也有少数例外,如优质表面 O(形象化表示完美无缺)等。

2. 铝及铝合金

铝是一种轻金属,密度小($2.79\ g/cm^3$),具有良好的强度和塑性,铝合金具有较好的强度,超硬铝合金的强度可达 600 MPa,普通硬铝合金的抗拉强度也达 $200\sim450$ MPa,它的比钢度远高于钢,因此在机械制造中得到广泛运用。铝的导电性仅次于银和铜,居第三位,用于制造各种导线。铝具有良好的导热性,可用作各种散热材料。铝还具有良好的抗腐蚀性能和较好的塑性,适合于各种压力加工。

铝合金按加工方法可以分为变形铝合金和铸造铝合金。变形铝合金又分为不可热处理强化型铝合金和可热处理强化型铝合金。不可热处理强化型不能通过热处理来提高机械性能,只能通过冷加工变形来实现强化,它主要包括高纯铝、工业高纯铝、工业纯铝以及防锈铝等。可热处理强化型铝合金可以通过淬火和时效等热处理手段来提高机械性能,它可分为硬铝、锻铝、超硬铝和特殊铝合金等。

铝合金可以采用热处理获得良好的机械性能、物理性能和抗腐蚀性能。铸造铝合金按化学成分可分为铝硅合金、铝铜合金、铝镁合金和铝锌合金。

1)纯铝

工业纯铝的纯度为 $w=98\sim99.7$,见表 10.9。

表　10.9

牌　号	L1	L2	L3	L4	L5	L6	L7
$w/\%$	99.7	99.6	99.5	99.3	99.0	98.8	98.0

2)变形铝合金

变形铝合金一般可直接采用国际四位数字 XXXX 体系牌号;而未命名为国际四位数字体系牌号的变形铝合金,则采用四位字符牌号 XOXX。(X 表示数字,O 表示字母)。两个系列第一个数字 $2\sim8$ 分别表示以铜(2)、锰(3)、硅(4)、镁(5)、镁和硅(6)、锌(7)和其他合金元素(8)。牌号最后两位用来区分和识别同一组别中不同的合金。变形铝合金牌号、化学成分及应用举例见表 10.10。

表　10.10

牌　号	化学成分 $w/\%$(余量为 Al)								应　用　举　例
	Si	Fe	Cu	Mn	Mg	Ni	Zn	Ti	
2A01	0.5	0.5	2.2~3.0	0.2	0.2~0.5	—	0.1	0.15	主要用于制造飞机骨架、螺旋桨、叶片、螺钉
2A11	0.7	0.7	3.8~4.8	0.4~0.8	0.4~0.8		0.1	0.15	

3)铸造铝合金

铸造铝合金牌号由字母"ZL"及其后面的三个数字组成:"ZL"表示铸铝,也就是这两个字拼音首字母,ZL 后面接 1、2、3、4,分别表示铝硅合金、铝铜合金、铝镁合金和铝锌合金,后面的第二、第三两个数字表示顺序号。如 ZL101,表示铸造铝硅合金,在铝硅合金中顺序号为 01。铸造铝合金牌号、化学成分及应用举例见图 10.11。

表 10.11

牌 号	化学成分 w/%（余量为 Al）						σ_b /MPa	HBS ≥	应 用 举 例
	Si	Cu	Mg	Zn	Mn	Al			
ZL101	6.0~8.0	—	0.2~0.4	—	—	余量	210	60	形状复杂的砂型、金属型和压力铸造零件，如飞机、仪器零件、水泵壳体、工作温度不超过 185 ℃ 的汽化器等
ZL101	8.0~10.5	—	—	—	0.2~0.5	余量	200	60	形状复杂的砂型、金属型和压力铸造零件，工作温度不超过 200 ℃，如气缸体等

3. 铜及铜合金

1）纯铜

纯铜是玫瑰红色金属，表面形成氧化铜膜后呈紫色，故工业纯铜常称紫铜或电解铜。密度为 8~9 g/cm³，熔点 1 083 ℃。纯铜导电性很好，大量用于制造电线、电缆、电刷等；导热性好，常用来制造须防磁性干扰的磁学仪器、仪表，如罗盘、航空仪表等；塑性极好，易于热压和冷压力加工，可制成管、棒、线、条、带、板、箔等铜材。工业纯铜的牌号、化学成分、力学性能及应用举例见表 10.12。

表 10.12

牌 号	化学成分 w/%	力学性能		应 用 举 例
		σ_b/MPa	δ/%	
T1	99.95			电线、电缆、导电螺钉等
T2	99.90	200~250	35~45	
T3	99.70			电气开关、垫圈、铆钉、油管等
T4	99.50			

2）黄铜

黄铜是铜与锌的合金。最简单的黄铜是铜-锌二元合金，称为简单黄铜或普通黄铜。改变黄铜中锌的含量可以得到不同机械性能的黄铜。黄铜中锌的含量越高，其强度也越高，塑性稍低。工业中采用的黄铜含锌量不超过 45%，含锌量再高将会产生脆性，使合金性能变坏。为了改善黄铜的某种性能，在一元黄铜的基础上加入其他合金元素的黄铜称为特殊黄铜。常用的合金元素有硅、铝、锡、铅、锰、铁与镍等，一般特殊黄铜的性能均优于普通黄铜。黄铜的牌号、化学成分、力学性能及应用举例见表 10.13。

表 10.13

类别	牌 号	化学成分 w/%			力 学 性 能		应 用 举 例
		Cu	Zn	其他	σ_b/MPa	δ/%	
普通黄铜	H80	79~81	余量	—	320	52	色泽美观，用于镀层及装饰
	H70	69~72	余量	—	320	55	用于制造弹壳，有弹壳黄铜之称

续表

类别	牌号	化学成分 w/%			力学性能		应用举例
		Cu	Zn	其他	σ_b/MPa	δ/%	
特殊黄铜	HPb-1	57~60	余量	Pb 0.8~1.9	400	45	热冲压件和切削零件
	HMn58-2	57~60	余量	Mn 1.0~2.0	400	40	耐腐蚀和耐磨零件

3）青铜

青铜是历史上应用最早的一种合金,原指铜锡合金,因颜色呈青灰色,故称青铜。锡青铜有较高的机械性能,较好的耐蚀性、减摩性和好的铸造性能;对过热和气体的敏感性小,焊接性能好,无铁磁性,收缩系数小。锡青铜在大气、海水、淡水和蒸汽中的抗蚀性都比黄铜高。铝青铜有比锡青铜高的机械性能和耐磨、耐蚀、耐寒、耐热、无铁磁性,有良好的流动性,无偏析倾向,可得到致密的铸件。在铝青铜中加入铁、镍和锰等元素,可进一步改善合金的各种性能。青铜的牌号、化学性能、化学成分、力学性能及应用举例见表10.14。

表　10.14

类别	牌号	化学成分 w/%			力学性能		应用举例
		Sn	Cu	其他	σ_b/MPa	δ/%	
压力加工锡青铜	QSn4-3	3.5~4.5	余量	Zn 2.7~3.3	350	40	弹簧、管配件和化工机械等次要零件
铸造锡青铜	ZcuSn10Zn2	57~60	余量	Pb 0.8~1.9	400	6	在中等及较高载荷下工作的重要管配件、阀、泵、齿轮等
特殊青铜	Qbe2	Be 1.9~2.2	余量	Ni 0.2~0.5	500	3	重要仪表的弹簧、齿轮、航海罗盘等

4. 钛及钛合金

1）纯钛

钛是很活泼的元素。有很好的钝化性能,钝化膜很稳定,在许多环境中表现出很好的耐蚀性。有"耐海水腐蚀之王"之称。高温下,钛的化学活性很高,能与卤素、氧、氮、碳、硫等元素发生剧烈反应。钛一般不发生孔蚀;除在几种个别介质(如发烟硝酸、甲醇溶液)中,也不发生晶间腐蚀;钛的应力腐蚀破裂敏感性小,具有抗腐蚀疲劳的性能,耐缝隙腐蚀性能良好。

2）钛合金

钛合金的机械性能与耐蚀性都比纯钛有明显提高。工业上使用的都是钛合金。钛合金的主要腐蚀形态是氢脆和应力腐蚀破裂。

5. 镍及镍合金

1）纯镍

在各种温度、任何浓度的碱溶液和各种熔碱中,镍具有特别高的耐蚀性。但镍在含硫气体、浓氨水和强烈充气氨溶液、含氧酸和盐酸等介质中,耐蚀性很差。镍具有高强度、高塑性和冷韧的特性,能压延成很薄的板和拉成细丝。镍很稀贵,在水处理工程和化工上主要用于制造碱性介质设备,以及铁离子在反应过程中会发生催化影响而不能采用不锈钢的那些过程设备。

2)镍合金

Ni-Cu 合金具有很好的力学性能和机械性能,易于压力加工和切削加工,耐蚀性好。主要用于在高温荷载下工作的耐蚀零件和设备。Ni-Mo 合金中的哈氏合金($0Cr16Ni57Mo16Fe6W_4$)能耐室温下所有浓度的盐酸和氢氟酸。Ni-Cr 合金中的因考尔合金($0Cr15Ni57Fe$),在高温下具有很好的力学性能和很高的抗氧化能力,是能抗热浓 $MgCl_2$ 腐蚀的少数几种材料之一。

第三节 非金属材料

非金属材料在日常的生产生活中也扮演着重要的角色,目前在工程中用的最多的非金属材料有塑料、橡胶、陶瓷和玻璃。

1. 塑料

塑料是指以树脂或加入其他添加剂在一定温度和压力条件下,加工成形的材料。塑料主要有以下特性:

①大多数塑料质轻,化学稳定性好,不会锈蚀;

②吸振和消音性好,工程中使用塑料可以明显降低振动和噪声;

③化学稳定性好,对酸、碱、盐等化学物品都具有良好的抗腐蚀能力;

④绝缘性好,导热性低;

⑤加工工艺性能好;

⑥大部分塑料耐热性差,热膨胀率大,易燃烧;

⑦尺寸稳定性差,容易变形;

⑧多数塑料耐低温性差,低温下变脆。

2. 塑料的成分

塑料并不是一种纯物质,是由许多材料配制而成的。其中高分子聚合物(又称合成树脂)是塑料的主要成分。此外,为了改进塑料的性能,还要在聚合物中添加各种辅助材料,如填料、增塑剂、润滑剂、稳定剂、着色剂等,才能成为性能良好的塑料。

1)合成树脂

合成树脂是塑料的最主要成分,其在塑料中的含量一般为 40% ~ 100%。由于含量大,而且树脂的性质常常决定了塑料的性质,所以人们常把树脂看成是塑料的同义词。例如把聚氯乙烯树脂与聚氯乙烯塑料、酚醛树脂与酚醛塑料混为一谈。其实树脂与塑料是两个不同的概念。树脂是一种未加工的原始聚合物,它不仅用于制造塑料,而且还是涂料、胶粘剂以及合成纤维的原料。而塑料除了极少一部分含 100% 树脂外,绝大多数的塑料,除了主要组分树脂外,还需要加入其他物质。

2)填料

填料又称填充剂,它可以提高塑料的强度和耐热性能,并降低成本。例如酚醛树脂中加入木粉后可大大降低成本,使酚醛塑料成为最廉价的塑料之一,同时还能显著提高机械强度。填料可分为有机填料和无机填料两类,前者如木粉、碎布、纸张和各种织物纤维等,后者如玻璃纤维、硅藻土、石棉、炭黑等。

3) 增塑剂

增塑剂可增加塑料的可塑性和柔软性,降低脆性,使塑料易于加工成形。增塑剂一般是能与树脂混溶、无毒、无臭,对光、热稳定的高沸点有机化合物,最常用的是邻苯二甲酸酯类。例如生产聚氯乙烯塑料时,若加入较多的增塑剂便可得到软质聚氯乙烯塑料,若不加或少加增塑剂(用量<10%,则得硬质聚氯乙烯塑料)。

4) 稳定剂

为了防止合成树脂在加工和使用过程中受光和热的作用分解和破坏,延长使用寿命,要在塑料中加入稳定剂。常用的有硬脂酸盐、环氧树脂等。

5) 着色剂

着色剂可使塑料具有各种鲜艳、美观的颜色。常用有机染料和无机颜料作为着色剂。

6) 润滑剂

润滑剂的作用是防止塑料在成形时不粘在金属模具上,同时可使塑料的表面光滑美观。常用的润滑剂有硬脂酸及其钙镁盐等。

除了上述助剂外,塑料中还可加入阻燃剂、发泡剂、抗静电剂等,以满足不同的使用要求。

3. 塑料的分类

塑料种类很多,到目前为止世界上投入生产的塑料大约有 300 多种。塑料的分类方法较多,常用的有两种:

1) 根据塑料受热后的性质不同分为热塑性塑料和热固性塑料

热塑性塑料分子结构都是线性结构,在受热时发生软化或熔化,可塑制成一定的形状,冷却后又变硬。在受热到一定程度又重新软化,冷却后又变硬,这种过程能够反复进行多次。如聚氯乙烯、聚乙烯、聚苯乙烯等。热塑性塑料成形过程比较简单,能够连续化生产,并且具有相当高的机械强度,因此发展很快。

热固性塑料在受热时也发生软化,可以塑制成一定的形状,但受热到一定的程度或加入少量固化剂后,就硬化定形,再加热也不会变软和改变形状了。热固性塑料加工成形后,受热不再软化,因此不能回收再用,如酚醛塑料、氨基塑料、环氧树脂等都属于此类塑料。热固性塑料成形工艺过程比较复杂,所以连续化生产有一定困难,但其耐热性好、不容易变形,而且价格比较低廉。

2) 根据塑料的用途不同分为通用塑料和工程塑料

通用塑料是指产量大、价格低、应用范围广的塑料,主要包括聚烯烃、聚氯乙烯、聚苯乙烯、酚醛塑料和氨基塑料五大品种。人们日常生活中使用的许多制品都是由这些通用塑料制成。

工程塑料是可作为工程结构材料和代替金属制造机器零部件等的塑料。例如聚酰胺、聚碳酸酯、聚甲醛、ABS 树脂、聚四氟乙烯、聚酯、聚砜、聚酰亚胺等。工程塑料具有密度小、化学稳定性高、机械性能良好、电绝缘性优越、加工成形容易等特点,广泛应用于汽车、电器、化工、机械、仪器、仪表等工业,也应用于宇宙航行、火箭、导弹等方面。

塑料的分类见表 10.15。

表 10.15

分类标准	类别	概述	特点	包含种类
按热性能和成形特点分	热塑性塑料	在特定温度范围内可以反复加热和冷却硬化的塑料	成形工艺简单 废旧件可回收再用 耐热性和刚性较差	聚乙烯 聚苯乙烯 聚酰胺 ABS 等
	热固性塑料	一次加热成形后,再不能通过加热使其软化、溶解的塑料	刚性和耐热性较好 生产周期较长 不可回收再用	酚醛塑酯 环氧树脂
按用途分	通用塑料	产量占全部塑料的80%以上	产量大、用途广	聚乙烯 聚氯乙烯 酚醛塑酯等
	工程塑料	可用作结构材料的塑料,有时可代替金属作为工程构件	优异的力学性能 耐热性、可靠性好 使用寿命长	聚碳酸酯 聚酰胺 尼龙树脂等
	特种塑料	具有某些突出物理化学性能的塑料	如高绝缘、高耐腐蚀性、高耐热性等	有机硅树脂 氟塑料

4. 橡胶

橡胶是一种在温度下处于高弹性状态的高分子聚合物。橡胶制品在工程上有着广泛的应用,常用的橡胶种类超过 15 种,橡胶的特性是:

- 分子量很大,通常在几十万以上,有些甚至达到一百万左右;
- 橡胶具有较大的弹性变形能力;
- 具有一定的机械强度;优良的疲劳强度;
- 优良的耐磨性、耐酸碱性、电绝缘性和密封性能;
- 具有蓄能特性,可用于缓冲、减振。

1)橡胶的组成

(1)生胶

生胶按原料来源又可以分为天然橡胶和合成橡胶。天然橡胶是从橡胶树、橡胶草等植物中提取胶质后加工制成;合成橡胶则由各种单体经聚合反应而得。

(2)添加剂

添加剂是为了改善橡胶制品的使用性能或者加工性能而加入的物质。在橡胶制品中这些添加剂起的作用主要有提高胶料的力学性能,改善工艺性能和具有某些特殊功能,如阻燃、磁性等;有的还可以降低胶料的黏度,改善胶料的加工性能、降低成本。主要有增塑剂、分散剂、均匀剂、增粘剂、塑解剂、防焦剂、脱模剂等;有的可以延长橡胶制品的使用寿命,主要有防热氧、臭氧、光氧、有害金属离子、疲劳、霉菌等引起橡胶的变化。

2)常用橡胶的品种

(1)天然橡胶

天然橡胶是由橡胶树采集胶乳制成,是异戊二烯的聚合物,具有很好的耐磨性、很高的弹性、疲劳强度及伸长率。在空气中易老化,遇热变粘。在矿物油或汽油中易膨胀和溶解,耐碱但不耐强酸。优点:弹性好,耐酸碱。缺点:不耐候,不耐油(可耐植物油)是制作胶带、胶管、胶鞋的原料,并适用于制作减振零件、在汽车制动油、乙醇等带氢氧根的液体中使用的制品。

（2）合成橡胶

合成橡胶分为通用合成橡胶和特种合成橡胶。其中通用合成橡胶的性能与天然橡胶较为接近,但是力学性能和加工性能较好。特种合成橡胶具有一些特殊性能,专供耐热、耐寒、耐化学腐蚀、耐辐射等特殊场合使用。常用合成橡胶的性能特点及用途见表 10.16。

表　10.16

名称	代号	概　述	优　点	缺　点	用　途
丁苯橡胶	SBR	是以丁二烯和苯乙烯为单体共聚而成的浅黄色弹性体,是目前产量最大,品种较多的一种合成橡胶	耐磨性能佳,耐老化、耐热等性能比天然橡胶更好	加工工艺性、自黏性和弹性较差	汽车轮胎、橡胶管等
顺丁橡胶	BR	是顺式-聚丁二烯橡胶的简称,消耗量仅次于丁苯橡胶和天然橡胶	耐磨性能优良,弹性、耐油性好,适应季节变化性差,易与金属黏合	加工性差,自黏性差,抗撕裂性差	轮胎、胶带等耐磨性要求较高的产品
异戊橡胶	IR	异戊橡胶由异戊二烯单体定向聚合而得,外观白色,其性能与天然橡胶相似,所以又称合成天然橡胶	弹性好,抗撕裂性能佳,电绝缘性、耐水性均优于天然橡胶	耐腐蚀性较差,加工工艺性差,生产成本较高	汽车轮胎
氯丁橡胶	CR	是氯丁二烯单体的弹性聚合物,分子链上挂有侧基 Cl 作为极性基团,增强了分子间作用力	力学性能好,耐油性、耐热性好,适应季节变化性佳,耐化学腐蚀	密度大,电绝缘性差,不易加工	减振零部件,工程用胶黏剂,油封材料等

5. 陶瓷

陶瓷是人类最早使用的材料之一,传统的陶瓷主要以黏土等天然硅酸盐类矿物为原料,故又称硅酸盐材料。

1）陶瓷的特性

（1）力学性能

陶瓷拥有比金属高出数倍的弹性模量,远高于金属的硬度和抗压强度,但几乎没有塑性,几乎没有抗冲击能力,是一种典型的脆性材料。

（2）热学性能

陶瓷熔点很高,大多在 2 000 ℃ 以上,大多数陶瓷在 1 000 ℃ 以上也不会被氧化,仍然能保持室温性能。陶瓷的导热性低于金属材料,陶瓷还是良好的隔热材料。同时陶瓷的线膨胀系数比金属低,当温度发生变化时,陶瓷具有良好的尺寸稳定性。

（3）电学性能

大多数陶瓷具有良好的电绝缘性,因此大量用于制作各种电压的绝缘器件。铁电陶瓷(钛酸钡 $BaTiO_3$)具有较高的介电常数,可用于制作电容器,铁电陶瓷在外电场的作用下,还能改变形状,将电能转换为机械能,可用作扩音机、电唱机、超声波仪、声纳、医疗用声谱仪等。少数陶瓷还具有半导体的特性,可作整流器。

（4）化学性能

陶瓷材料在高温下不易氧化，并对酸、碱、盐具有良好的抗腐蚀能力。

2）陶瓷的分类

陶瓷通常可以分为传统陶瓷和精细陶瓷两大类。

（1）传统陶瓷（又称硅酸盐陶瓷）

传统陶瓷以天然硅酸盐矿物（如黏土、长石、石英等）为原料制成。传统陶瓷主要用于日用、建筑、卫生陶瓷制品，低高压电瓷，耐酸及过滤瓷等。

（2）精细陶瓷（又称特种陶瓷、高技术陶瓷、新型陶瓷）

采用高强度、超细粉末为原料，经过特殊的工艺加工，得到结构精细且具有各种功能的无机非金属材料。

常用工程陶瓷的性能与用途见表 10.17。

表 10.17

类 别	品 名	性 能	用 途
氧化物	氧化铝陶瓷	硬度大、强度高	切削工具、电绝缘材料，炉管、坩埚材料
	氧化镁陶瓷	碱性，抗冲击性差，质脆，高温下易被还原，使用温度可达 2 300 ℃	电绝缘材料、坩埚材料
碳化物	碳化硅陶瓷	硬度高、导热性好，在氧化气氛中使用温度可达 1 600 ℃	电阻发热体、变阻器、半导体材料
	碳化钛陶瓷	硬度高、强度大、耐热性能好	涡轮叶片材料
氮化物	氮化硅陶瓷	耐热振性良好，抗氧化性强，在空气中使用温度可达 1 400 ℃	坩埚、叶片、密封环等
	氮化铝陶瓷	耐热振性好，高温下不会被铝侵蚀	坩埚
硼化物	硼化钛陶瓷	硬度、强度均高，耐热振性好，电阻小，不易被熔融金属侵蚀	火箭喷管，电气接触和高温电极材料
	硼化锆陶瓷	硬度高、高温强度高，电阻小，在 1 250 ℃ 可以长时间使用	高温电极材料

6. 玻璃

玻璃被广泛应用于人们的日常生活和工业生产当中，通常具备透明、硬而脆、隔音、化学稳定性好的特性，有装饰作用，特制的玻璃还具有绝热、导电、防爆和防辐射等一系列特殊的功能。

1）玻璃的特性

玻璃是由熔酸物通过一定方式的冷却，因黏度的逐渐增大而得到的具有力学性能和一定结构特征的非晶态固体。但是并非所有的熔融物都能形成玻璃态，因为大多数无机物质在冷却过程极易结晶固化，只有某些物质，特别是硅酸盐类物质，在冷却时才容易过冷而形成玻璃态。因此，玻璃通常被看作硅酸盐类材料中的一种。玻璃的特性主要从以下几个方面体现：

（1）光学性能

玻璃具有很高的透光性，这也是其最基本的使用性能。一般情况下，杂质含量越低，其透光性越好。通过改变玻璃组分可以改变其透光性,以适用于不同场合。

（2）力学性能

玻璃具有较好的抗压强度和较高的硬度,但韧性差,抗弯强度和抗拉强度均不高,是一种脆性材料。

（3）化学性能

玻璃具有抵抗水、空气以及绝大多数酸、碱、盐等溶液的腐蚀能力。

（4）热学性能

玻璃的热学性能主要指其热稳定性,即在环境温度突然发生改变时,玻璃抵抗破裂的能力。玻璃的膨胀系数越小,其热稳定性越好。

2）玻璃的分类

玻璃及其制品的种类较多,范围较广,分清其类别对于掌握玻璃的成分、性质和用途很有帮助。按化学成分分类的玻璃性能及用途见表 10.18。

表 10.18

名 称	主 要 成 分	性 能 特 点	用 途
钠玻璃	Na_2O，CaO，SiO_2	软化点较低,易于熔制,但杂质多,产品多带绿色,且光学性能、力学性能、化学稳定性和热稳定性都较差	普通建筑玻璃、日用玻璃制品
钾玻璃	K_2O，Na_2O，CaO，SiO_2	质硬而有光泽,各种性能优于钠玻璃,但价格较高	化学仪器用具、高级玻璃制品
铅玻璃	PbO，K_2O，SiO_2	具有鲜明的色彩与美丽的光泽,质软易加工,敲击时发出金属悦耳声音,对光的折射率高、反射性强,化学稳定性好,又称品质玻璃	光学仪器、高级器皿、装饰品和艺术玻璃
硼玻璃	B_2O_3，MgO，SiO_2	具有较好的光泽和透明度,优异的绝缘性,较好的光学性能、力学性能、化学稳定性和热稳定性	化工仪器、绝缘材料和耐热玻璃
铝镁玻璃	MgO，Al_2O_3，SiO_2，Na_2O，CaO	软化点低,光学性能、力学性能、化学稳定性都比普通玻璃要好	高级建筑玻璃
石英玻璃	SiO_2	又称水晶玻璃,热膨胀系数很小,具有很高的热稳定性,力学性能好,电绝缘性好,但加工困难	高级化学仪器、光学零件和耐高温耐高压等特殊用途制品

第四节 复合材料

复合材料是由两种或两种以上物理和化学性质不同的物质组合而成的一种多相固体材料。复合材料的命名一般是将增强材料的名称放在前面,基体材料的名称放在后面,再加上"复合材料"几个字。复合材料可综合发挥各种组成材料的优点,使一种材料具有多种性能,同时可按对材料性能的需要进行材料的设计和制备,可制成所需的任意形状的产品,性能的可设计性是复合材料的最大特点。

1. 复合材料的特性

1）比强度和比模量较高

复合材料具有比其他材料高得多的比强度（强度极限除以密度）和比模量（弹性模量除以密

159

度），如碳纤维和环氧树脂组成的复合材料的比强度是钢的7倍多，比模量是钢的5倍多，这对于在保证性能的前提下，减轻车辆自重具有重大的意义。

2）抗疲劳性能较好

因为裂纹扩展机理的不同，金属材料遭疲劳破坏时，其裂纹会沿拉应力方向迅速扩展而造成突然断裂，复合材料则因为其基体和增强纤维间的界面能够有效阻止疲劳裂纹的扩展而具有更好的抗疲劳性能。大多数金属材料其疲劳强度是抗拉强度的40%~50%，而碳纤维增强复合材料则高达70%~80%。

3）断裂安全性较好

增强纤维的复合材料，其截面每平方厘米面积上独立的纤维有几千甚至上万根，即使构件遇强外力作用有部分纤维断裂后，其载荷也可由未断裂纤维承载，使构件在短时间内不易失去承载能力，提高使用安全性。

4）耐高温性能较好

因为多数增强纤维在高温下仍可保持较高的强度，所以用它们制成的复合材料的高温强度和弹性模量均较高，特别是金属基复合材料。例如，一般铝合金在400℃时，弹性模量就将大幅下降，强度也显著降低，而碳纤维或硼纤维增强铝合金制成的复合材料在400℃下的弹性模量和强度基本仍维持在室温时的水平。

5）减振性较好

因为机械的自振频率与材料比弹性模量的平方根成正比，由于复合材料的比模量大，自振频率很高，不容易产生共振，这对于振动问题非常突出的车辆尤其重要。此外纤维与基体的界面具有吸振能力，振动阻力高，即使发生振动也能很快衰减。

2. 复合材料的组成

复合材料是由两种或两种以上物理和化学性质不同的物质经一定的方法合成而得到的一种多相固体材料。复合材料一般由起黏结作用的基体与用来提高复合材料强度和韧性的增强材料共同组成。其中，基体材料又可分为金属基体材料（如铝、镁、钢及其合金等）和非金属基体材料（如合成树脂、碳、石墨、橡胶、陶瓷等）。常用的增强材料包括：玻璃纤维、碳纤维、芳纶纤维等。

1）玻璃纤维增强塑料（CTRP）

玻璃纤维增强塑料俗称玻璃钢，是目前应用最广泛的复合材料，包含BMC材料、SMC材料等。BMC材料（即块状模压塑料）是将加有填料、增稠剂、固化剂、颜料、脱模剂等添加剂的树脂与短切玻璃纤维等主要成分混合成块料，装入配合挤压模后压缩成形的，是一种预制材料。其成形自由度大，但在混合搅拌时玻璃纤维被破坏，强度下降。SMC材料（片状模压塑料复合材料）是用低黏度的不饱和聚酯树脂、填充剂、增稠剂、固化剂、脱模剂等组分浸渍片状玻璃纤维而制成的复合材料。由于浸渍时玻璃纤维没有遭受破坏，可得到比BMC强度更高的成形件。SMC是片状的，有利于模压成形，大大提高生产率，此外它还改善了表面粗糙度，保持了尺寸稳定性。

2）碳纤维增强塑料（CFRP）

碳纤维增强塑料的基体材料主要有酚醛树脂、环氧树脂、聚酯树脂和聚四氟乙烯等，用作增强材料的碳纤维是以人造纤维为原料，在隔绝空气的高温条件下碳化而成。碳纤维增强塑料的成形加工法与玻璃纤维增强塑料类似。碳纤维增强塑料具有较高的比强度和比弹性模量，密度低，抗压强度高,同时还有较好的耐疲劳、耐蠕变、耐磨性能,热伸缩性小,能导电。

3)金属基复合材料(MMC)

金属基复合材料多数是由低强度、高韧性的基体和高强度、高弹性模量的增强材料组成。基体包括:铝、铜、铝合金、铜合金、镁合金、镍合金等。增强材料一般为纤维状、晶须状或颗粒状的碳化硅、硼、氧化铝和碳纤维,要求具有高强度和高弹性模量,高抗模性与高化学稳定性。

4)纤维增强陶瓷(FRC)

纤维增强陶瓷利用纤维承受载荷以提高断裂强度,利用纤维间以及纤维和基体间的界面结合改变裂纹扩展方式,提高断裂韧性。纤维增强陶瓷因此克服了陶瓷材料本身所固有的脆性,达到制造零件的要求。汽车用的纤维增强陶瓷主要由氧化铝、氧化硅等基体材料,加以结合碳纤维、陶瓷纤维、晶须纤维等增强材料制造而成。目前受限于加工工艺和高昂的生产成本,纤维增强陶瓷有待进一步研究和推广。

参 考 文 献

[1] 张春梅,段翠芳.工程力学[M].北京:机械工业出版社,2008.

[2] 刘思俊.工程力学[M].北京:机械工业出版社,2019.

[3] 李莉娅.工程力学应用教程[M].北京:化学工业出版社,2012.

[4] 韩向东.工程力学[M].北京:机械工业出版社,2020.